「安全」「高速」「快適」を支える機体と運航のメカニズム

ジェット旅客機の秘密に迫る

The secrets of jet airliner

元・ANAエンジニア **原野康義** 著　元・ANA航空機関士 **中村寛治** イラスト

JN112059

≡ SB Creative

はじめに

　航空会社（全日本空輸、日本貨物航空）に身を置いて40年余り、整備、運航技術、安全、環境に関する業務に携わってきました。整備の経験を経たのちに従事した運航技術は、ジェット旅客機の運航、運用を支える技術で、ハードの整備技術に対してソフトの技術といえるかもしれません。筆者が一番長く従事した職種です。

　この本では、これまでの整備と運航技術の経験で得たものをもとに、ジェット旅客機の構造やシステム、装備品の解説をベースにして、それらが運航の中で果たしている役割から、遭遇するトラブルとその対応策まで、可能な限り新しい情報を取り入れながら、踏み込んでいます。

　多くの旅客機好きの方に気軽に読んでいただけるよう、はたまたお酒の席でうんちくを傾けたい方にも役立つよう、できるだけ幅広く、わかりやすく書きました。もちろん、旅客機の技術や運航についての知識を増やしたい方、実際に旅客機に携わる仕事をされている方にも読んでいただける内容にしています。

　この半世紀で、旅客機やそれを取り巻く環境は大きく変化しました。絶え間なく進められているエンジンやシステムの改善は言うに及ばず、近年の電子機器類の発達や人工衛星を活用した航法の進化、複合材料の開発・活用など、目覚ましく発展しています。また、航空会社の浮沈、新会社の設立、規制緩和に伴う国際路線の増加、格安航空会社の出現による大衆化など、航空界そのものも大きく変わっています。

　規制緩和の大きな影響としては4発機の衰退が挙げられるでしょう。双発機による洋上を含む長距離の飛行が認められたことにより、燃料消費量が多くてコストがかさむ4発機は退役を迫られ、今や双発機が席巻

する時代になっています。

　航空の大衆化に伴って双発機は大型化し、それまで大型4発機が主役だった長距離路線運航でも双発機が主導権を握るようになりました。それを象徴するように、2023年1月には、ボーイング社による「最後のB747型機の引き渡し」が完了しました。時代の流れを感じます。

　近年はジェット旅客機の排気ガスが地球環境へ及ぼす影響の大きさが注目されています。喫緊の課題として、ICAO（国際民間航空機関）を中心に、二酸化炭素排出削減への取り組みが世界的に始まっています。脱炭素化の意識が高まる中、代替燃料SAF（Sustainable Aviation Fuel：持続可能な航空燃料）の使用や、運航方式の改善、新技術の研究・開発など、具体的な対応も進んでいます。空気中の二酸化炭素を直接取り込んで減らす技術や電動飛行機の実用化も視野に入ってきました。長年の課題だった究極の燃料、水素の活用も現実味を帯びてきたのではないでしょうか？

　この本を通じて、航空の技術はおもしろいと多くの方に感じていただき、旅客機やその運航に親しみを感じていただければ、航空界に身を置くものとしてこのうえない喜びです。少しでもご参考になることがあれば著者としてうれしい限りです。なお、この本の中に出てくる数値は、あくまで代表的な値です。

　掲載したジェット旅客機、輸送機の写真の何点かは、日本貨物航空（NCA）様とジェットスター・ジャパン（JJP）様にご提供いただきました。また、エアバス・ジャパン様には、同社のサイトについてご教示いただきました。その他のカラーイラストは、私と同じ全日本空輸（ANA）で長年、航空機関士を務めておられた中村寛治氏に描いていただきました。

2024年2月　原野康義

contents

第5章 乗客の快適・安全に直結する 「与圧」と「空調」 ┄┄┄ 89

第6章 ジェット機の「燃料タンク」と「燃料」、 排出する「CO₂」 ┄┄┄ 101

巨大ジェット機の光と影

飛行機には、大きいものから小さいものまでさまざまなものがありますが、この本では、主にジェット機、特にジェット旅客機を中心に解説していきます。第1章では、ジェット旅客機のサイズや重量などの諸元、空港施設への影響、さらなる大型化の可能性、大きな飛行機にまつわる課題などについて解説します。

1-1 「世界最大」の旅客機は どれぐらいの大きさ？

現在、世界で運航されている旅客機の中で最大のものは、エアバスA380型機（以下A380）です。全日本空輸（ANA）がハワイ便に導入したので、ご存じの方も多いでしょう。他にもボーイングB747-8型機（以下B747-8）やボーイングB777-300型機（以下B777-300）などの大型機がありますが、A380と比べればやや小ぶりです。

エアバス社の資料によれば、A380のスリーサイズは、長さ72.7 m、横幅79.8 m、高さ24.1 mです。山手線であれば3両半の長さです。**仮にA380を入れる箱を用意しようとすると、その床面積はダブルスのテニスコートが24面あっても足りないほどの広さになります**（図1-1）。ちなみにダブルスのテニスコートの大きさは、縦23.77 m、横10.97 mです。厳密な図ではありませんが、A380の大きさをイメージできると思います。

その重量も相当なもので、A380の離陸重量は最大560 tにもなります。その重い機体を飛行させるために、エンジンは推力が34 tほどもあるロールスロイス社（以下RR）のトレント900、またはゼネラルエレクトリック社（以下GE）とプラットアンドホイットニー社（以下P＆W）が共同で設立したエンジンアライアンス社のGP7200が4基、搭載されています。座席数は500席を超えます（エコノミークラスのみであれば、最大853席まで可能です）。

座席数や座席配置などの客室仕様は、航空会社によって異なります。「どのクラスを、どれだけ設けるか」はまさに航空会社の戦略ですから、担当者の知恵の絞りどころです。

A380は、大きくて燃料消費量も多いので、運用については特に配慮が求められます。うまく使えれば大きな効果をもたらし、使えなければ重荷になってしまうでしょうから、導入した航空会社にとっては、**就航させる路線や客室仕様が、特に重要な課題になるでしょう。**

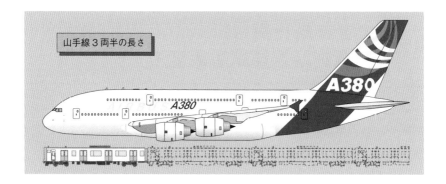

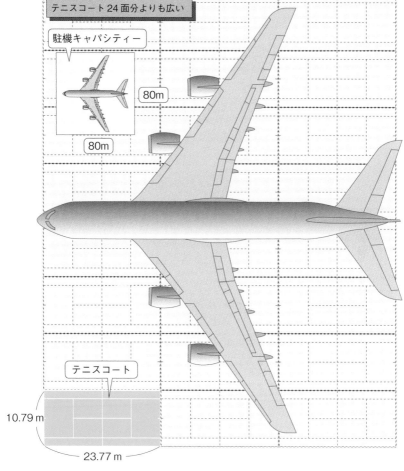

図 1-1　ダブルスのテニスコートが 24 面あっても足りない A380

1-2 大きな飛行機は 空港施設も運用も大変！

　大きな飛行機が導入される空港は大変です。駐機場所（スポット）の間隔や、誘導路の幅などの変更や、滑走路の補強が必要になるところもあるでしょう。

　運用面での影響も避けられません。**巨大な機体がもたらす強い後方乱気流（翼端渦。3-2参照）は、後ろを飛ぶ小型の飛行機にとって脅威**です。強力な翼端渦に対しては、離陸間隔を広げるなど航空交通管制上の配慮も求められて、運用に影響を及ぼしかねません。ですから、混雑する空港では、大きな飛行機の就航や運航が制約されることも考えられます。

　「うちでは対応できないので、ご遠慮ください」という空港も出てきそうです。ちなみに成田空港は大丈夫です。羽田空港にもA380用スポットは用意されているようです（就航はしていませんが）。

　このように、大きな機体は空港によっては制限を受けることがあるので、航空会社ではその機種を選定、導入するとき、「どの路線で使用するか」などを十分に検討します。

1-3 機体の長さがA380より 長い旅客機もある！

　A380以外の旅客機の大きさについても、少し見てみます。

　大きい旅客機といえば、いわゆる「ジャンボ旅客機」と言われたB747の最新型、B747-8や双発機のB777-300ERなどがあります。どちらも機体の長さはA380を上回っています。

　次の表は、A380、B747-8、B777-300ERの機体データの一部です（表）。

表　A380、B747-8、B777-300ERの機体データ（一部）

	エアバスA380	ボーイングB747-8	ボーイングB777-300ER
全長	73 m	76.3 m	73.9 m
翼幅	79.8 m	68.5 m	64.8 m
高さ	24.1 m	19.4 m	18.7 m
最大離陸重量	560 t	447.7 t	351.5 t

　B777-300ERは世界最大の双発機で、日本の政府専用機に採用されて2019年度から運用されています。

　近年のエンジンの信頼性向上に伴い、双発機の長距離運航（ETOPS。2-2参照）が一般的になってきました。これにより活躍の場が広がってきたことから、双発機は徐々に大型化してきており、それに伴ってエンジンも巨大化してきています。4発機と同じような運航が双発機でもできるようになれば、エンジンが少なくて運航コストが低く、環境に優しい飛行機が主流になるのは当然です。日本の政府専用機へのB777-300ERの採用も、その流れに沿ったものでしょう。

写真1　現在の政府専用機はB777-300ER。全長はA380よりもわずかに長い
出典：航空自衛隊 ©JASDF

4発機もまだ運航していますが、その数は徐々に少なくなっており、生産停止も話題になっています。

双発機の長距離運航に伴う航空界の変革については後述します。

1-4 胴体が長すぎて「脱輪防止用カメラ」を装備した旅客機

B777-300の胴体の長さは73.9ｍもあって超大型機並みですが、さほど大きくない空港への就航も想定されていました。そのため、さほど大きくない空港でも安全に地上走行できるよう、他の旅客機とはちょっと違ったシステムが装備されました。

B777-300は胴体が長く、前車輪と主車輪の距離も長いので、旋回半径が大きくなります。滑走路や誘導路の曲がり角で車輪がはみ出しかねません。いわゆる脱輪です。そこでボーイング社の技術陣は、車輪の位置をコックピットで監視できるシステムを考えました。

GMCS（Ground Maneuver Camera System）と呼ばれるシステムです。胴体下部と左右の水平尾翼の3か所にカメラが設置されており、胴体下部のカメラは前輪を、水平尾翼のカメラは左右の主車輪を撮影し、その画像をコックピットの画面に映し出します（図1-2）。パイロットはそれを見ながら、車輪が誘導路からはみ出しそうになっていないか確認しつつ走行するのです。

なお、A380やA350などのエアバス機には、胴体下と垂直尾翼にカメラが搭載されてます。

ボーイング社はB777の長胴型を開発するとき、太い鋼管を軸に車輪とコックピットの一部を付けたLAGOS※という名の実物大の簡易模型（図1-3）を作って実際に走らせ、地上での旋回半径などを調査しています。

GMCSは、LAGOSを使った調査結果などをもとに考え出された対策の一つで、航空会社との調整も経た上で、装備されたようです。

※：LAGOS：Large Airplane Ground Operation Simulator

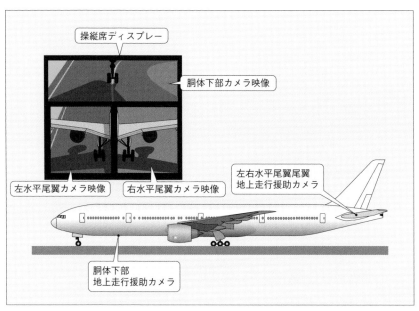

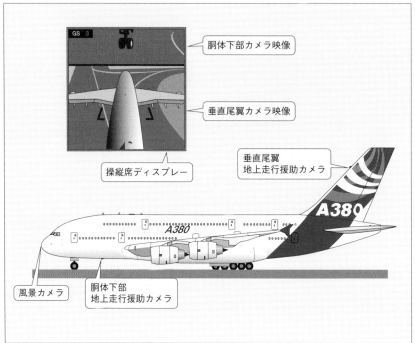

図1-2　GMCSのカメラ位置（イメージ）

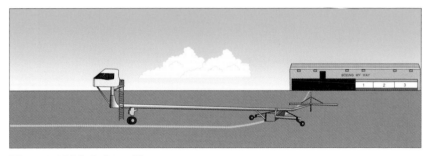

図1-3　LAGOSのイメージ
LAGOSは筆者も視察しましたが、こんな感じでした。

1-5 戦争で失われた超大型輸送機「An-225」(ムリーヤ)

　旅客機以外にも目を向ければ、A380よりずっと大きい飛行機がありました。アントノフ社の**An-225**(ムリーヤ)です。ソ連時代の宇宙船「ブラン」を運ぶための輸送機で、ウクライナで製造されました。離陸重量は600tとも640tとも言われていました。

　機体の長さも翼幅もA380よりずっと大きく、最大積載量が250tもあったそうです。B747貨物機は120tほどなので、約2倍の積載量です。ただ、貨物室は与圧されていなかったという話もあるので、もしそうならば、ごく低高度を飛行しない限り、動物などの生き物は運べなかったと思われます。生き物を運ぶのを犠牲にして、機体構造の簡素化、重量軽減を図ったのでしょうか。

　この輸送機は、東日本大震災のとき救援物資を運ぶため成田空港に飛来したのでご覧になった方もあるでしょう。中部空港に降りたこともあります。

　なお、「ありました」と過去形になってしまったのには理由があります。2022年2月、ロシアのウクライナ侵攻により、たった1機しかなかった

An-225は破壊されました。その映像は無残なものでした。ムリーヤは「夢」という意味だそうですが、人間の愚かな行為でその夢が壊されたのです。復活することを祈ります。

■B747のエンジンを6基も載せた双胴輸送機

少し前になりますが、米国ストラトローンチ・システムズ社のスケールド・コンポジッツ・ストラトローンチ（モデル351 ロック）という、世界最大の翼幅を持つ双胴の輸送機がデビューしました。

空中でロケットを発射するために開発され、翼幅は117mもあり、先ほどのAn-225よりはるかに大きくなっています。この輸送機は、B747に使われるエンジンを6基装備しています。

写真2　在りし日のAn-225。機首ドアを開いてトラックを降ろしている　写真：米陸軍

1-6 ジェット旅客機はこれからも 大型化していくのか？

■重量と強度の問題

　大きな飛行機の出現には、いろいろな課題が考えられます。

　まずは強度の問題です。構造物の寸法が大きくなれば、体積は3乗に比例して大きくなります。ごく単純に密度を一定と考えれば、重量も3乗に比例します。長さが2割ほど増せば、重量は7割ほど増える計算です。

　実際はそう単純なものではありませんが、いずれにしても相当な重量増になることは確実です。

　そこで、**増えた重量に耐える強度が必要**になります。設計で重量増に見合うような重量軽減ができればよいのですが、そうでなければ軽くて強い材料の出現を待たなければならないでしょう。なかなか厳しそうです。

　重量軽減のための高強度材料の開発は、昔から続けられており、いずれは新しい材料が出現するでしょうが、しばらく先の話になるでしょう。**重量増に見合う推力のエンジン開発も必要**です。

■需要や運用の問題

　需要面はどうでしょうか。貨物機や輸送機にはそれなりの需要が見込めると思われますが、**旅客機は厳しそう**です。A380の場合、最大853の客席数が認められていますが、そこまで座席を増やしている航空会社はありません。以前のような「大型機を使って多くの乗客を一度に運ぶ」という発想はしぼんだように見えます。

　航空会社によっては、シートのアレンジや機内サービスの工夫で人気を博しているところもありますが、活用できる路線は限定されているのではないでしょうか。乗客もゆとりを求めるようになった気がします。ターミナルでのハンドリングの問題も出てくることが想定されます。

　空港の施設にも問題が出そうです。滑走路や誘導路の拡幅や駐機場の拡張、あるいは滑走路強度を上げるための嵩上げなどが求められる可能

性があります。また、大きくなる翼端渦への配慮が、管制上も必要になると思われます。

ネガティブな話ばかりになってしまいましたが、旅客機についてはA380を超えるような大型機の出番は、当分なさそうです。

ただ、**貨物機には望みがあります**。昨今の新型コロナ騒動で旅客機の運航は随分と制約されました。そのため、多くの航空会社が活用していた旅客機の床下貨物室はその役割が制限されましたが、一方で貨物専用機は、その分、活躍の場が増えて大忙しでした。

今はもうなくなってしまったあのムリーヤも、東日本大震災のときは活躍してくれました。**大事の際の貨物機頼みは今後も続くでしょう。**

■滑走路が「許容できる」飛行機の重さがある

飛行機が大型化、重々量化すると滑走路の負担も増えます。飛行機メーカーは、脚や車輪を増やして負荷を軽くするよう工夫するでしょうが、機体が大型化すれば滑走路の負担が増えます。当然ですが、**滑走路の強度が十分でなければ、飛行機を運用できません。**

ICAO（国際民間飛行機関）は、「就航予定の空港、滑走路で運用可能かどうか」を簡単に判断できるよう、以下の指標を使った方法を提示しています。滑走路が許容できる飛行機重量の程度を示す指標であるPCN（Pavement Classification Number）と、飛行機が舗装に影響を及ぼす程度を示す指標であるACN（Aircraft Classification Number）の2つを比較して、運航可否を判断するものです。ACNが、その滑走路のPCNより小さければOKです。

なお、大きくても着陸回数を制限して認められることもあります。PCNは国土交通省航空局で計算され、ACNは飛行機メーカーにより計算されます。

「木製」の巨大飛行艇 「H-4 ハーキュリーズ」

　今から70年以上も前になりますが、バカでかい飛行機（飛行艇）を作った人がいます。米国の有名な大富豪のハワード・ヒューズです。彼がスポンサーになって、エンジンが8基もあるH-4 ハーキュリーズという木製プロペラ機を作ったのです。

　「スプルースグース※」の異名を持つこの飛行艇は、木製ながら翼幅が97.5 mもあり、2019年にストラトローンチが初飛行するまでは、世界一の翼幅を持つ飛行機でした。

　この木製の巨大飛行艇は、ハワード・ヒューズ本人が操縦して、ごく低高度で飛行しています。映像も残っていますが、それによると、ほんの少し離水しただけだったようです。地面効果のお陰だったのでしょうか。

　しかし、飛んだのはこの1回だけで、彼は苦労して作った飛行機をお蔵入りさせました。「離水滑走中に胴体がきしんだ」という話もあるので、彼は操縦しながら「もうこれ以上は危ない」とひょっとしたら思ったのかもしれません。

　H-4 ハーキュリーズは今、オレゴン州のエヴァーグリーン航空宇宙博物館に展示されているそうです。以前はカリフォルニア州のロングビーチに置かれており、筆者も見学に行ったことがありますが、その大きさに圧倒されました。

　他にも、ほぼ同時期に英国で、バカでかい飛行機が試作されています。H-4 ハーキュリーズほどではないものの、翼幅がB747より大きいブラバゾンという旅客機です。ブリストル飛行機という会社が作ったのですが、試作で終わっています。

※：スプルース（マツ科針葉樹）製のガチョウ

第2章

ジェットエンジンは
改善・改革の"最前線"

ジェットエンジンはジェット機のシステムの中でも特に重要です。軽量かつ大推力が求められ、高い燃焼効率や厳しい作動環境での耐久力なども必要です。このため、改善・改革の努力が続けられています。また、ジェットエンジンの排気ガスは地球温暖化に影響する大きな課題です。第2章では、ジェットエンジンの改善・改革の状況や課題への対応について解説します。

2-1 ジェットエンジンの「種類」「構造」「進化」

　飛行機の推進には、大きく分けて2つのタイプのエンジンが使われています。レシプロエンジンとジェットエンジンです。最近、これまでのエンジンに代わり、電動モーターを使おうとする動きが活発になってきましたが、旅客機に使えるようになるにはまだ時間がかかるでしょう。

　レシプロエンジンは、今でもプロペラ推進の軽飛行機などに使用されていますが、飛行機の推進機関としては主流から遠く外れた存在になってしまいました。

■ジェットエンジンには「3種類」ある

　ジェットエンジンといっても、いろいろなタイプがあります。

　一般的に使われているジェットエンジンには、燃焼ガスの力で大きなプロペラを回して推進力を得るターボプロップ、燃焼ガスを高速で噴出させて推力を得るターボジェット、および大口径のファンで加速された大量の空気による推力と燃焼ガスの噴射による推力の両方を利用するターボファンの3種類があります(図2-1)。

　ターボファンの多くは、一般に燃焼ガス噴射による推力より、ファンによって加速された空気による推力のほうが大きく、ファンが大型化した最近のエンジンでは、それによる推力が主体になっています。

　他に、ラムジェットや現在開発中のコンバインドサイクルエンジンなど、超高速飛行用のエンジンもありますが、当面、旅客機に使われることはなさそうです。

■今では戦闘機すら「ターボファン」を採用！

　ジェットエンジンの中で、ターボプロップは推進効率が良く騒音も小さいことから、今でも小型機で活躍していますが、ターボジェットは燃料消費効率や騒音で劣ることもあり、舞台から遠ざかりました。

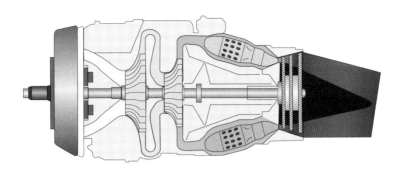

ターボプロップエンジン

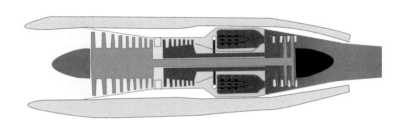

ターボジェットエンジン

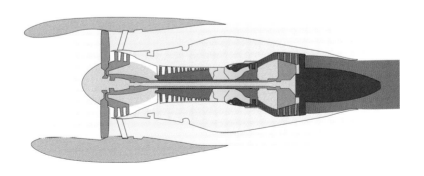

ターボファンエンジン

図2-1　ジェットエンジンの種類

ターボジェットは本来のジェットエンジンで、「ピュアジェット」と
も呼ばれます。排気流の速度が高く、高速飛行に適しており、一昔前の
ジェット旅客機や高速飛行が必要な戦闘機などに多用されました。超音
速で飛ぶことを求められたコンコルドにもこのエンジンが使用されてい
ました。しかし、このタイプは騒音が大きく、人口密集地近くで離着陸
する通常の旅客機にとっては、何かと制約がある上にコスパが悪いので、
徐々にターボファンに取って代わられました。今では戦闘機ですらター
ボファンが主力です。

Column **圧縮機は「軸流式」と「遠心式」の
2種類がある**

現在のジェットエンジンのほとんどには軸流式が採用されている
ので、この本では軸流式を前提に話を進めていますが、ここで遠心
式についても紹介しましょう (図2-2)。

遠心式の圧縮機は、YS-11などのターボプロップエンジンに使わ
れていましたが、今では遠心式の圧縮機を採用したエンジンを大型
飛行機で見ることはなくなりました。

遠心式の圧縮機は単段の構造が比較的簡単で、圧縮比もそれなり
にありますが、段数を上げるのが難しく、全体の圧縮比を大きくし
にくいという弱みがあります。この結果、大型エンジンの圧縮機は
軸流式になりました。

しかし、小型エンジンでは気を吐いており、補助動力装置 (APU)
などにも用いられています。タービンにも遠心式と同じ構造のもの
があります。圧縮機とは逆に、空気が周りから中心に向かって流れ
て羽根車を回すもので、「半径流式」「幅流式」「ラジアル式」などと
呼ばれています。

●ターボジェットに対するターボファンの利点

・排気流量が多いため、推力が大きい。

・大量の空気を低速で排出するため、推進効率が高く燃費が良い。

・低速のバイパス空気が高速の燃焼ガスを覆うため、騒音が小さい。

　ところで、圧縮機やファンを駆動するタービンの仕事のうち、どの程度が推力に回るのでしょうか。一般社団法人ターボ機械協会の資料によれば、タービンの仕事の6割は圧縮機の駆動に使われます。ですから、残りの4割ほどがファンや後方に排出される燃焼ガスに使われ、推力を

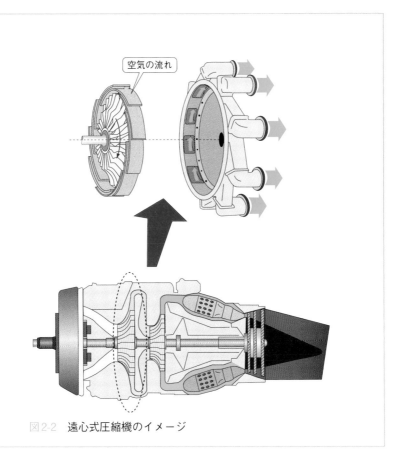

図2-2　遠心式圧縮機のイメージ

写真　ターボファンエンジン
写真提供：ジェットスタージャパン社

生み出していることになります。性能が向上した最近のエンジンでは、その割合はさらに大きくなっていると思われます。

■ジェット旅客機のエンジンは「双発」「大型」がトレンド

　エンジンを4基備えた4発機が運航していた長距離路線に、エンジン2基の双発機が進出し、4発機に取って代わるようになって以来、双発機の大型化が進められました。これに伴ってエンジンも大型化してきました。推力増強の要求に応じてファンが大口径化しています。

　最近ではバカでかいエンジンが登場しています。B777-200LR/300ER型機などに使用されているGE社のGE90-115Bです。直径は3.4 m強あります。ファンの直径も3.3 m弱と3 mを超え、エンジンの長さは7.3 m、重さは8.3 tあるそうです。

　ごく最近世に出てきたGE9Xの直径は、さらに10 cm以上大きくなっているようです。B737の胴体径が3.76 m、A320のそれが3.96 mといいますから、それに匹敵する大きさです。

　なお、GE90-115Bの推力は1基で52tほどあるそうで、1基25 tほどの4発機B747-400のエンジン推力の2倍を超えています。

■ジェットエンジンは効率が改善され続けている

　ジェットエンジンは燃料を大量に消費するので、効率を上げるためにさまざまな改善が施されてきました。それらの一部に触れてみます。

①高いバイパス比～高燃費、低騒音

　ファンを通過した空気は、そのままエンジンの外に出ていくものと、エンジン本体に吸い込まれて圧縮機から燃焼室へと流れるものとに分かれます（図2-3）。

　外に出ていく空気量とエンジン本体に吸い込まれる空気量の比をバイパス比と呼びます。バイパス比の値はエンジンのファンの役割の大きさ

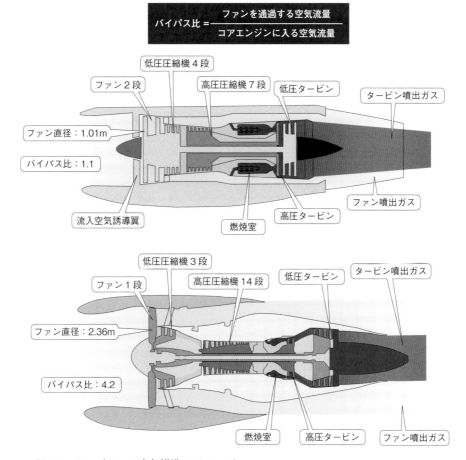

図2-3　ターボファン内部構造のイメージ

を表しています。

　例えば「バイパス比5」というのは、ファンからそのまま出て行く空気量がエンジン本体に吸い込まれる空気量の5倍あるということです。一般的にファンエンジンは、バイパス比が1〜2前後の低バイパスのものと、4以上の高バイパスのものに区分けされるようです。

　通常、バイパス比が高いほど、**燃費が良くなり、騒音も小さくなる**ので、年代が後になるほどバイパス比は大きくなって、ファンの役割も大きくなってきています。最近ではバイパス比が10に達するエンジンも出てきています。

　ちなみに、B787型機に装備されているRR社のトレント1000エンジンは、バイパス比が11で、ファンから生み出される推力は全体の推力の85%を超えるそうです。GE社のエンジンも負けてはいません、先述のGE90-115Bのバイパス比は7強ですが、GE9Xは10に達しているようです。

②高い燃焼温度〜熱効率の改善（ⅰ）

　圧縮機を出た高圧空気は燃焼室に入り、そこに燃料が吹き込まれて高温高圧ガスとなって燃焼タービン入り口へ向かいます。熱効率は燃焼ガスの温度によるので、より高い温度が追求されてきました。

　最近のエンジンは燃焼温度が2000℃以上にもなるそうです。その後、向かうタービンの入り口でも1600℃ほどはあるようで、タービンの羽根（ブレード）やガイドベーンは非常に過酷な条件にさらされます。そのため、それらには超高温に耐える材料が使用され、羽根には遮熱コーティングが施されたり、内部に冷却空気が循環する特殊な構造が施されたりしています。

　材料の改善も進められており、熱に極めて強いセラミックの複合材が使用され始めています。図2-4は代表的な冷却方法のイメージです。

③高い圧縮比〜熱効率の改善（ⅱ）

　圧縮機は、エンジンが吸い込んだ大量の空気を圧縮して燃焼室に送り込みますが、その**圧縮比**も温度と同じく熱効率に影響するので、これを高めることも大きな課題でした。

　最近の圧縮比はどれほどでしょうか？　1970年代に開発されたGE社

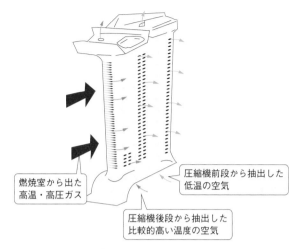

図2-4 タービンブレード、ガイドベーンの冷却方法の例(イメージ)

のCF6-50は、全体の圧縮比は30ほどでしたが、GE90-115Bは45に高まっています。さらにGE社の資料では「GE9Xは60に達した」と述べています。A350に使用されているRR社のTrent XWBの圧縮比は50になっています。これらもそのうち、書き換えられるでしょう。

④エンジンの軸の多重化～回転数の最適化

　初期のエンジンの圧縮機は一体型で、径が大きい低圧部も、径が小さい高圧部も同じ回転数で回っており、効率が悪いという問題がありました。径が大きくなれば圧縮機の羽根の先端速度が速くなり、すぐ音速に達して、効率が著しく落ちます。それを避けるため回転数を落とせば、径が小さい高圧部の回転も落ちて、効率の良い回転数を維持できません。

　あちらを立てればこちらが立たずで、どちらも最適な効率を得られない回転数で妥協せざるを得ないことになります。さらに径の大きいファンを付けようとすれば、その問題は顕著になります。

　これを解消するためにエンジンメーカーがとった主な対策は、圧縮機の回転数を、高圧部と低圧部で変えることでした。圧縮機を2つ(メーカーによっては3つ)に分割して、高圧部と低圧部のそれぞれを高効率

で回転させることを考えたのです。

　必然的にタービンも分割されます。そのため、エンジンの軸を2重や3重にする必要が出てきました(図2-5)。ツースプール、スリースプールと呼ばれていますが、製造には困難が伴ったでしょう。より高い効率のスリースプールを製品化したのはRR社でした。

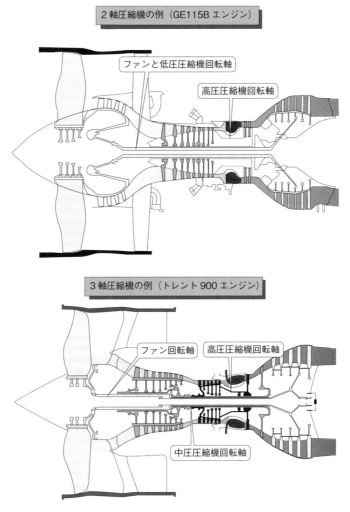

図2-5　2軸のエンジン、3軸のエンジン

■さらに高効率な「大口径ファン」が登場

　その後、大きな進歩がありました。大口径ファンの登場です。P&W社が長年かけて開発したギヤードターボファンエンジン（GTF）がそれで、先ほどの効率の悪さが改善されました。また、それ以上にバイパス比を大きくしたオープンファンというエンジンの開発が進められています。

●ギヤードターボファンエンジン（GTF：Geared Turbo Fan Engine）

　P&W社の技術者は、大きなファンを低速で回転させて高効率を生むため、ターボプロップのような機構を取り入れました。ファンと圧縮機の間に遊星歯車（プラネタリーギヤ）という減速装置を介在させて、ファンの回転数を落とすという機構です（図2-6）。先述したバイパス比を拡大させたものといえます。

　ファンの回転と圧縮機やタービンの回転を分けて、両方の高効率化を図り、従来の妥協点を解消することを狙ったのです。

　GTFは大口径のファンを低速で回転させられるので、燃費向上と大幅な騒音低減が可能になりました。P&W社の資料は、ファンの速度が40%も減ったと述べています。加えて、この効率改善が圧縮機とタービンの段数の削減にもつながり、重量も減りました。バイパス比は12まで高まっています。

　GTFが採用されているのは今のところエアバスA320neo型機などの比較的小さい飛行機用ですが、そう遠くないうちに大型機にも搭載されるようになるでしょう。バイパス比も大きくなることが予想されます。

　なお、RR社も2030年初頭の実用化を目指してウルトラファンという、GTFと同じような構造のエンジンを開発しているようです。GE社のこのタイプについての情報は今のところありません。

　P&W社のGTFエンジンが形になり始めたのは、1980年代後半でした。筆者もそのプレゼンテーションを聞いたことがあります。

　それから30年余り、多くの人員、予算をつぎ込んで開発を続けてきたであろうこの会社は収穫期を迎えました。残念ながら日本の翼の夢はついえてしまいましたが、「三菱のスペースジェットにGTFが選定された」という話を聞いたとき、「まだ開発を続けていたのか」という驚きと、

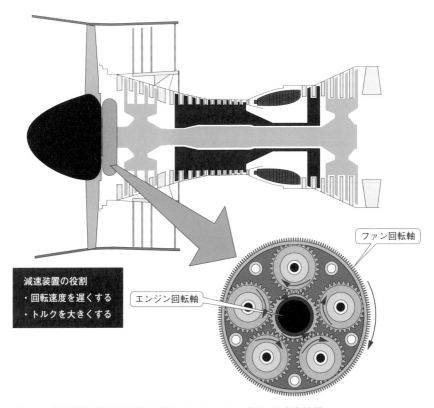

減速装置の役割
・回転速度を遅くする
・トルクを大きくする

ファン回転軸

エンジン回転軸

図2-6　低圧圧縮機の回転数を落としてファンに伝える減速装置

<table>
<tr><td>Column</td><td></td></tr>
</table>

Column　回転数を落とす「遊星歯車」とは？

　遊星歯車は、以前からターボプロップにも使用されていますが、タービンとプロペラの間にあって、回転数を落とす役割を担っています。3つある回転軸のどれを固定するかで減速比が変わります。図2-6はGTFの場合で、『航空技術（No.806）』（日本航空技術協会、2022年5月）によれば、減速比は3程度だそうです。一方、RR社のウルトラファンはバイパス比が大きいので、減速比は4程度必要ということです。

「よくやった」という想いで複雑な気持ちになったのを覚えています。長年開発を続けたP＆W社の技術者や経営者に、敬意を表します。

●バイパス比70!?　「オープンローター」は本当に実現するのか？

　GTFの構想が明らかになったころとほぼ同時期に、燃料消費削減の切り札としてファンの被い（ダクト）を取り払ったUDF（UnDucted Fan）やATP（Advanced Turbo Prop）と呼ばれる超高バイパス比エンジンの開発も進められていました（図2-7）。ダクトがないということでオープンローターあるいは高速ターボプロップと呼ばれ、GE社、RR社、P＆W社などが開発を競っていました。

　しかし、いつしかその話も聞かれなくなり、立ち消えになったかと思っていましたが、ごく最近になって、GE社と仏国・SAFRAN社の合弁会社CFMI社がオープンファン（オープンローター）というエンジンの開発を発表しました。

　GE社が配信している情報によれば、現在開発されているものはバイパス比が70にもなるといいます。ただ、難しい課題もあるようで、ブレード飛散への対応なども気になります。世に出てくるのはしばらく先になりそうですが、華々しく現れる日が待たれます。

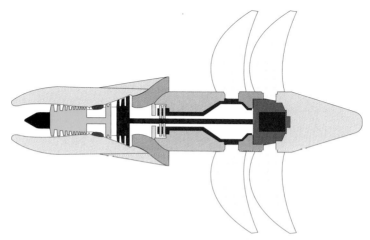

図2-7　UDFのイメージ

参考：Boeing Airline

●超高温に耐えられる耐熱材料の出現

エンジン開発の歴史は、いかに「パワー（推力）を大きくするか」「熱効率を良くするか」「騒音を下げるか」でした。タービン入り口温度を上げたり、圧縮比を上げたり、効率の良いファンやタービンの形状を追求したり、吸音材を開発したりと、さまざまな研究開発が行われてきました。もちろん、今も続けられています。

最近、タービンなどの高温部に使える画期的な材料が開発されました。セラミックを基材とした複合材でCMC（Ceramic Matrix Composites）と呼ばれます。日本の会社が開発しました。**これまでの金属に比べて軽くて強く、超高温でも使えるもの**だそうで、耐熱合金の世界を一変させる可能性を持っているといわれています。

2-2 長距離運航（ETOPS）で 4発機から双発機へとシフト

長らく旅客、貨物輸送の主力だった4発機が退場を迫られ、今や双発機が席巻する時代になりました。一世を風靡したB747も、貨物輸送に活躍の場を残すのみになり、A380がまだ頑張ってはいるものの、徐々に退場を迫られていきそうです。昔を知るものとしては隔世の感があります。この変革のきっかけになったのが、双発機による**長距離運航（ETOPS）**です。

■エンジンの信頼性向上で双発機が復権

その昔、双発の飛行機の商業運航については、**エンジンの信頼性の観点から大きく制限**されていました。当時の米国連邦航空局（以下FAA）の基準では、適切な空港から1エンジン不作動の状態で60分以内の範囲まで、ICAOの基準では2エンジン稼働状態で90分以内と定められていました。ダイバージョンタイムといわれる60分、90分は、もともと故障の多かったピストンエンジンの信頼性をもとに定められたもので、

60分ルール (図2-8)、90分ルールと呼ばれていました。

その後、ジェットエンジンが大勢を占めるようになり、信頼性も大きく向上したもののルールはそのままで、FAA基準の下で運航する航空会社は特に不自由な運航を強いられていました。

その後、エンジンの信頼性が目覚ましく向上している状況を背景に60分ルール、90分ルールの見直しの気運が高まり、40年ほど前にICAOで検討が始まりました。

1984年にICAO、1985年にFAAの新しい基準が設定され、**ETOPS運航 (Extended Twin OPerationS) が幕を開け、世界の航空会社がETOPS運航を開始しました** (図2-9)。日本でも1989年にANAがB767で始めています。

その後もエンジンの信頼性は向上しており、それに伴い空中停止率によって許容されるダイバージョンタイムも120分から180分、207分、240分へと伸び、**最近のA350では370分も可能**になっています。

ただ、このダイバージョンタイムも、エンジンやその他の運航に影響するシステムの不具合が続けば減らされます。実際に「ある機種がダイバージョンタイムを減らされた」というニュースも流れました。

ETOPSの基準にはさまざまな定めがあります。飛行機の設計や信頼性などに対する要件、航空会社の運航体制や整備体制などに対する要件、途中の代替空港に対する要件、その他、幅広く詳細な基準が定められています。日本では「双発機による長距離進出運航」と訳され、それに対する実施承認基準が定められています。

■ETOPSの導入で多発機が衰退

ETOPS基準ができて、双発機が世界のどこでも運航できるようになったことから、航空会社の関心は運航コストが安い双発機に傾きました。その結果、3発機や4発機は徐々に減り、目にする機会も減りました。

旅客機としてはごくわずかの大型4発機が残っていますが、双発機の大型化が進み、生産中止に追い込まれる状況です。

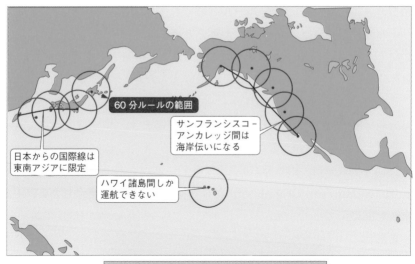

図2-8　ETOPS基準設定前の例

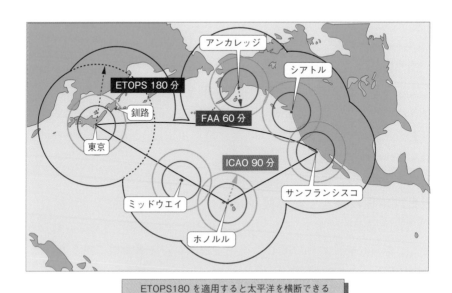

図2-9　ETOPS基準設定後の例

　ETOPS導入は、航空界に大変革をもたらしました。ETOPS導入当初は飛行機メーカーも「双発機に注力するか、多発機も作るか」悩んだことでしょう。ボーイング社は4発機のB747もありましたが、全体としてはB767、B777、B787などの双発機に多くの力を注いできたように見えます。一方、エアバス社は双発機のA330から、その後のA350までちょっと間がありました。4発機のA340、超大型4発機のA380にも注力していたように思われます。

　かなり前、A340が飛び始めて「これからA380を」という時期だったと思いますが、エアバス社のエンジニアから「航空会社としては双発機と4発機のどちらを選ぶか」と聞かれたことがあります。筆者はETOPSを担当していたこともあり、「これからは双発機でしょう」と答えましたが、そのエンジニアはあまり良い顔をしませんでした。航空会社の担当者の反応に、先々の不安を感じたのかもしれません。

　エンジンメーカーも大きな影響を受けたと思われます。**何せ飛行機が必要とするエンジンの数が少なくなるのですから。**

■ETOPSの基準は双発機以外の多発機にも適用

　エンジンの信頼性が向上した結果、エンジンのトラブルより他のシステムのトラブルのほうが運航に影響を与えるようになりました。そんな背景から「エンジンの数に関係なく、同様の要件を適用すべきだ」という考え方が強まり、ICAOではETOPSに替えて**EDTO**（Extended Diversion Time Operations）という名称を使っています。一方、欧州航空安全機関（EASA）やFAAはETOPSの名称を残しており、ICAOの資料によれば以下のようになっています。

EASA：双発機はETOPS（Extended Twin OPerationS）、
　　　　　3発機、4発機はLROPS（Long Range OPerationS）
FAA：3発機、4発機を含めETOPS（ExTended OPerationS）
　　　　　（3発機、4発機を含める前はExtended Twin OPerationS）

「ETOPS」という名前の由来は？

ICAOで双発機長距離運航の基準作りが終わるころの話です。

基準がまとまり、長らく双発機長距離飛行について検討を行ってきたETOPS（Extended Twin OPeration Study）と名付けられた検討会が解散するときに「ETOPSのOPSをOPerationSの略と考えて、そのまま双発機の長距離運航の名前にしてはどうか」という話が出たそうです。

OperationsはよくOPS（オプス）と略されるので特に異論もなく、ETOPSはExtended Twin OPerationSの略にすることになったということです。

当時、筆者も業務上ICAOの検討状況をモニターしていましたが、そのときに伝わってきた話です。まんざら根拠のないものではないだろうと思っています。

2-3 エンジンの排気ガスと飛行機雲

■排気ガスはトラックが吹き飛ぶ威力！

一般の乗客の方がエンジンに近づくことはまずないので、問題になることはありませんが、飛行機の周りで働く人たちには気になる話です。

最近のエンジンの排気ガスの噴出速度は、最大推力時にエンジンの直後で時速600 kmにもなるそうです。屋根を吹き飛ばしたり、大木をなぎ倒したりするほどの最大級の台風でも、時速250 kmぐらいといいますから、時速600 kmというのは、とてつもなく大きいものです。

エンジンを絞った状態でも、エンジンの直後は時速190 kmを超える

風速になっているといわれており、少しパワーを出せば、ちょっとした**トラックなら吹き飛ばしてしまいます**。実際の実験もあります。使用された飛行機はB767で、そのときの写真には、後方に置かれた、さほど小さくないトラックが吹き飛ぶ様子が映されていました。

　ちなみにエンジンは、後方だけでなく**前方も危険**です。近づくと吸い込まれかねません。2022年と2023年、米国で「地上係員が吸い込まれた」というニュースが流れました。機種にもよるでしょうが、アイドリングの状態でもエンジン前面から2m強、離陸推力の状態では5m強は危険領域のようです。

■飛行機雲（コントレール）は3種類ある

　その昔、ダグラスDC8やボーイングB707が運航していたころは、ジェットエンジンの排気ガスは「煤が混じった黒い煙」が相場でした。

　技術が格段に進歩した今では、ごく微細な煤は含まれているでしょうが、目に見える煤はほとんどなくなりました。

　排気ガスも陽炎でそれとわかる程度です。ただ、排気ガスは見えなくても、水蒸気が含まれています。その水蒸気は飛行機雲の発生要因の一つです。

　青い空を背景に描かれた白く細長い飛行機雲、何とも詩的な風景ですが、その実態は、**非常に高いところに浮かぶ氷の粒のライン**です。

　米国航空宇宙局（以下NASA）の資料などによれば、飛行機雲は「飛行機の移動に伴って、大気中のちりやエンジンの排気ガスなどに含まれる煤などの微粒子の周りに、水蒸気が凍り付いた氷の粒が集まったもの」で、「高空にできる巻雲に近いもの」と見られています。NASAの資料は「飛行機雲には3種類のタイプがある」としています（図2-10）。

①エンジンの排気ガスでできる飛行機雲

　よく見かけるものは、エンジンの排気ガスによってできた飛行機雲でしょう。このタイプは、大気中に十分な水蒸気があるときにできます。排気ガスの中の水蒸気が急激に冷やされて氷の粒ができ、大気中にも水蒸気があって氷の粒が成長するようです。

水蒸気と核となる微粒子が排気ガスの中に含まれているので、凝結しやすくしっかりしたものができて、長時間、長ければ1時間ほどは視認できることがあるといいます。空に浮かんで見える飛行機雲は大抵これでしょう。風や乱気流があれば何kmも流れたり、広がって雲のように見えたりすることもあるようです。

この飛行機雲ができるには、かなり低い気温が必要なので、高度が非常に高いところが舞台となります。NASAによれば、対流圏の上部から成層圏の下部、多くの飛行機が往来する8,000 m以上の高度にできるそうです。付近の気温は氷点下40〜55 ℃ほどです。飛行機によっては14,000 m付近まで上昇するものもあるので、その辺までは飛行機雲が存在すると思われます。

なお、他の2種類のタイプは排気ガスに起因しないようですが、触れてみます。

②飛行機の「直後」にできる飛行機雲

湿度が非常に低いときにできて、ごく短時間、長くても数分で昇華するそうです。飛行機の後ろに短い帯が棚引いていたらそれかもしれません。

でき方は定かではありませんが、**高速で移動する飛行機の直後の圧力の急変化**によるものだろうと推測しています。もともと湿気があまりないところにできるということですから、すぐ昇華するのも納得です。

③翼の上下の「気圧差」でできる飛行機雲

比較的、低い高度で見られますが、これも一応、飛行機雲に数えられています。湿気が非常に多いときの離着陸の際などによく見かける、翼の端から出る白い筋がそれです。客室の窓から見えるので、見たことがある方もいるでしょう。

この飛行機雲は、**揚力の発生に伴う、翼の上下の気圧差の影響**でできるものです。気圧が高い翼下面から、気圧が低い翼上面に流れる空気が膨張して冷え（断熱膨張）、含まれる水蒸気が氷結するという原理です。離着陸時のように高度が低いところは気温が高く、すぐに水蒸気に戻るでしょうから、その寿命は長くなさそうです。

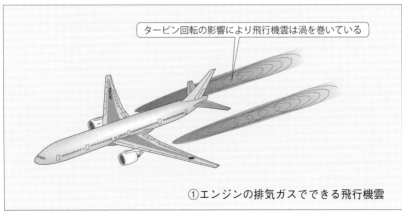

タービン回転の影響により飛行機雲は渦を巻いている

①エンジンの排気ガスでできる飛行機雲

②飛行機の「直後」にできる飛行機雲

③翼の上下の「気圧差」でできる飛行機雲

図2-10　飛行機雲には3種類のタイプがある

●昼と夜の気温差を縮める「飛行機雲」

　日本ではそれほど目立ちませんが、米国や欧州の空にはたくさんの飛行機雲が縦・横・斜めに横切っています。もちろん「空を覆ってしまう」ほどではないものの、結構な量の飛行機雲が浮かんでいます。風に流されて広がったりもしています。その雲が気温に影響しているというのです。

　米国ウィスコンシン大学の研究グループが、飛行機雲の気温への影響を調べました。飛行機が飛ぶ日と飛ばない日の気温を比較すれば影響を調べられるでしょうが、そこは現代のこと、カラスが鳴かない日はあっても飛行機が飛ばない日はないという米国で、そんなことはできません。

　ところが、それができたのです。2001年9月11日の同時多発テロ直後、14日まで飛行が禁止され、偶然にも調査の機会ができました。

　調査の結果、**飛行機雲は日中は日射を遮って気温を下げ、夜間は熱の放出を妨げて気温の低下を防ぎ、昼と夜の気温差を縮める**ことを確認したそうです。学者たちは地球の温暖化に大きく影響しているのではないかと考えており、飛行機雲が発生しないような飛行方法の検討もされているとのことです。

●「巻雲」になった飛行機雲が地球温暖化を促進する

　もう一つ、研究結果があります。少し前になりますが、NASAが「北米の気温上昇の原因は旅客機だった」という研究結果を発表しています。「飛行機雲が上空に上がって巻雲になる」というのです。

　巻雲は太陽の光は通しますが、地球の熱が逃げるのは妨げるそうで、飛行機雲が巻雲になれば地球の温度は上がるという理屈になります。NASAによれば1975年から1994年までの20年間で、巻雲が米国上空を覆う割合が1％増えて、その間に地表または低高度の気温が10年で約0.5°F（0.3℃）上昇したそうです。**新型コロナに伴う大幅減便の影響の調査がなされている話もあります。結果が待たれます。**

　地球温暖化の元凶とされる二酸化炭素（CO_2）を排出するものはさまざまです。自動車の排気ガス、工場や発電所が化石燃料を燃やすときの排気、はたまた牛のゲップなどいろいろ取りざたされています。飛行機の

排気ガスも大きな要因に挙げられており、削減に向けた取り組みが喫緊の課題として進められています。

　加えて飛行機雲もにらまれてきました。むしろ「CO₂などより影響が大きい」という話もあり、航空会社やメーカーも注目し始め、国際航空運送協会（IATA）も取り組みを始めたようです。

　「飛行機雲よお前もか！」という思いと、「それほど大きな影響があるのだろうか？」という思いが行き来しますが、調査した結果というのですから納得せざるを得ません。

●飛行機雲を減らせる「ウェットエンジン」とは？

　最近、ちょっとした朗報がありました。飛行機雲を減らせるウェットエンジンなるものの研究がなされているというのです。『航空技術（No.809）』（日本航空技術協会、2022年8月号）によれば、ドイツのMTU社が燃焼器に水蒸気を噴射して、CO₂やNOxなどの排出物だけでなく、飛行機雲の生成までも減らすエンジンを研究しているそうです。別のニュースはP＆W社やエアバス社なども参加して、GTFをベースにしたウェットエンジンの開発を始めるとも報じています。興味深い話です。

2-4 エンジンの回転方向と渦巻き模様、目玉模様

■米国製エンジンと英国製エンジンの回転方向は逆

　米国製と英国製ではエンジンの回転方向が異なります。例えば英国RR社製のエンジンは、エンジンを正面から見たとき時計回りに回転します。一方、米国GE社製のエンジンは反時計回りに回転します（エンジンによっては、高圧部が低圧部とは逆に回転するものもあるようですが）。回転方向が製造国によって違う理由や由来ははっきりしませんが、想像するに、ピストンエンジン黎明期に先駆者たちが決めた方向が、そのまま受け継がれたのではないでしょうか。

回転方向に優劣はありません。どのエンジンを選ぶかは航空会社によりますが、B787に両方のエンジンを採用している航空会社もあります。ひょっとしたら、RR社製を搭載したB787とGE社製を搭載したB787が隣同士で止まっているかもしれません。ターミナルによってはエンジンスタートの様子を見られるところがあるので、出発待ちなどで時間があったら、ファンの回転方向を確認するのも一興です。

■エンジン前面の「渦巻き模様」や「目玉模様」は鳥には効かない!

　飛行機のエンジン前面の中心部（スピンナーといわれるところ）に描かれている渦巻き（図2-11）や、スピンナーの先端を黒く塗った目玉模様は、もともと鳥の衝突防止のためでした。鳥を脅してエンジンの前から追い払うつもりだったのですが、鳥は人間が思うほどには感じてくれなかったようで、そのうち鳥衝突防止用とはいわれなくなりました。

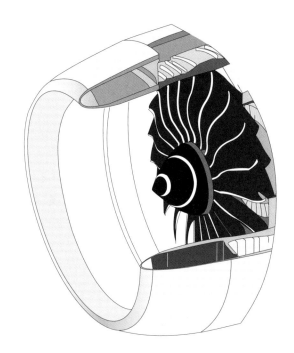

図2-11　エンジン前面のスピンナーに描かれている渦巻き

　昔、エンジンを担当していた先輩が、渦巻きや目玉を描いて丸く切り抜いたボール紙をくるくる回しながら、「鳥には効かないんだよなぁ」と嘆いていたのを思い出します。

Column　旅客機に「お賽銭」を投げないで！

　旅の安全を祈願して、出発前に旅客機にコインを投げて「お祓い」をする人がいるようです。エンジンに向かって投げる人もいるようで、実際に入ってしまった事例もあります。どれも、ある国であった話ですが、筆者が知り得るかぎり、2017年に2件、2019年に2件発生しており、大幅な遅延や運航取り止めになって、航空会社に損害を与えたものもあります。

　2017年の2件は、おばあさんが飛行機に向かってコインを投げています。うち1件はエンジンにコインが入っていました。2019年の場合は、若い男性と年齢不詳の女性が、飛行の安全を願ってコインを投げました。

　日本でも、何かの折にそういう儀式が執り行われますが、せいぜい塩や米です（最近は紙を切ったものを使うこともあるようですが）。

　撒くものがひとつまみの塩や米、紙なら大騒ぎすることもないでしょうが、コインとなると話が違います。何せ金属ですから、エンジンに入ったら圧縮機の羽根を壊す可能性があり、そうなったらそれが引き金になってエンジン全体に被害が及ぶことにもなりかねません。こうなると、整備士はエンジンの完全な点検を余儀なくされ、その結果、大幅な遅延やキャンセルになり、乗客が大迷惑を被ることになります。大変な結果を招く可能性がある怖い話です。お金は「賽銭箱」へ入れてください。

ただ、人間には効くので、**回転しているエンジンに近づいて吸い込まれないよう、回転の有無を確認するためのマーク**として生き残りました。エンジンが回転しているかどうか判別しづらい夜間や薄暗いところでもわかりやすいよう、**白や黄色**で描かれています。なお、最近では目玉模様は見かけなくなり、渦巻き模様が主流になりました。先端付近に太く短い白線が引かれたものもあります。

切り離せない
「翼」と「揚力」と「渦」
の関係

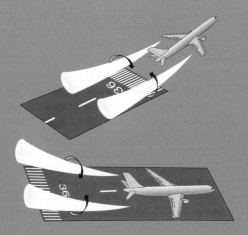

飛行機の翼には、一般に主翼、水平尾翼、垂直尾翼の
ほか、機体の動きをコントロールする各種の動翼があ
ります。第3章ではそれぞれの翼や動翼などの種類、
役割について解説します。加えて、翼が発生させる揚
力と渦の関係や、渦が運航に与える影響、翼端渦を利
用するウィングレットなどにも触れます。

3-1 たくさんある「動翼」は 何のためにある？

　いわずもがなですが、翼は飛行機に欠かせません。ヘリコプターのような回転翼機を除く、いわゆる固定翼機には大抵、主翼、水平尾翼、垂直尾翼があり、それぞれの翼が飛行機を空中に浮かせ、方向を転換し、機体姿勢をコントロールします。主役はもちろん主翼で、それが生み出す揚力が飛行機を浮かせます。

　飛行機をコントロールする仕組みは機種によってさまざまですが、基本は同じなので、ここでは代表的な例で話を進めます。

　飛行機は基本的にはエレベーター（昇降舵）、ラダー（方向舵）、エルロン（補助翼）でコントロールしますが、スポイラーやフラップ、スラットなどがそれらの働きを補佐します（図3-1）。旋回時に揚力をコントロールしたり、離着陸時に揚力を増やしたり、あるいは逆に着陸接地時揚力を減じたりします。

Column 「空飛ぶマンタ」が間もなく出現？

　現在、胴体、主翼、水平尾翼が一体となった「マンタ」のような形をしたブレンデッドウィングボディ機が研究されています（写真1）。今後、そういう飛行機が現れるでしょう。

写真1　ブレンデッドウィングボディ機のイメージ。この模型飛行機は、筆者の弟が作って実際に飛ばしているものです。
写真提供：原野宏治

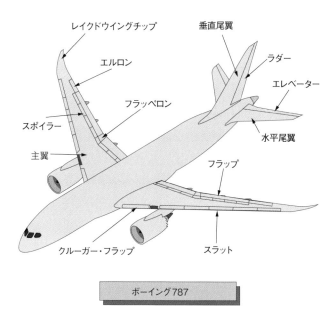

レイクドウイングチップ
垂直尾翼
エルロン
ラダー
エレベーター
フラッペロン
スポイラー
水平尾翼
主翼
フラップ
クルーガー・フラップ
スラット

ボーイング787

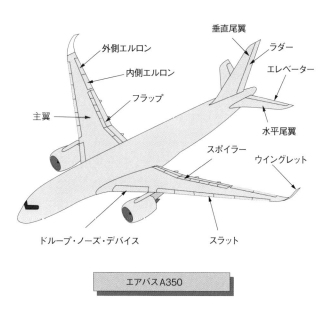

外側エルロン
垂直尾翼
内側エルロン
ラダー
フラップ
エレベーター
主翼
水平尾翼
スポイラー
ウイングレット
ドループ・ノーズ・デバイス
スラット

エアバスA350

図3-1　翼各部の名称（代表例）

エレベーター、ラダー、エルロンは三舵と呼ばれ、他の3つを含めて動翼と総称されることもあります。なお、水平尾翼前部と垂直尾翼前部の動かない部分は、それぞれ水平安定板、垂直安定板と呼ばれます。

■エルロン（補助翼）〜機体を前後軸周りに回転させる

エルロンは、飛行機を機体の前後軸周りに回転させるもので、機体を左右に傾けてコントロールします。機体を傾けた角度をバンク角と呼んでいます。

通常、先細翼の飛行機のエルロンには、低速時用と低・高速時用があり、胴体から離れたアウトボードエルロンが低速時用、胴体に近いインボードエルロンが低・高速時用になっています。

エルロンに働く揚力が小さい低速時は、胴体周りのアームが大きいアウトボードエルロンが主力になります。揚力が大きくなる高速時に外側のエルロンを使用すると翼端のねじれを誘発し、意図した方向と逆の方向の力が働くエルロン・リバーサルという現象が生じることがあります。

そうなると思うようにコントロールできなくなるので、翼が厚く剛性が高い胴体寄りにもエルロンを設けて、高速時に使用しています。機種にもよりますが、速度が上がってフラップが翼内に収納されると、アウトボードエルロンは機械的にロックされる仕組みになっているようです。

なお、B787、B777あるいはB767などのボーイング機のインボードエルロンは、フラップの機能を合わせ持ったフラッペロンというものになっています。

一方、A350、A340/A330などのエアバス機は、胴体近くに独立したエルロンはなく、フラップの外側に設けられた2枚のエルロンパネルが、アウトボードとインボードの各エルロンに対応しているようです。また内側パネルは、エルロンの機能は維持しながらも低速時に揚力を増すよう、フラップ展開に合わせて下向きに垂れる仕組みになっており、ドループエルロンと呼ばれています。フラッペロンと同様の機能ではないでしょうか。

■フラップとスラット（高揚力装置）～低速時でも揚力を獲得

　フラップやスラットは、離陸や着陸のような低速時に揚力を増やすシステムです。高揚力装置とも呼ばれます。

　揚力は速度、翼の面積、揚力係数などによります。離陸時や着陸時は速度が遅く、揚力が小さくなるので、その分を補う方法として翼の面積を増やしたり、翼の湾曲（キャンバー）を大きくして揚力係数を増やしたりすることが考えられます。ただし、それによって空気抵抗が増え、飛行の大半を占める高速飛行時の性能が落ちます。

　そこで、高速性能を落とさず、低速時にも揚力を確保できるよう考えられたのが高揚力装置です。高揚力装置は高速時には翼の中に収納されており、離着陸時に展開されます。展開する角度は一般的に離陸時より着陸時のほうが大きくなっています。着陸時は空気抵抗を増やして着陸距離を短縮するよう、より深い角度にセットされます。

●後縁フラップ～タイプはさまざま

　フラップは翼の前縁と後縁に設けられますが、通常はこの後縁フラップを指します（図3-2、写真2）。後縁フラップは、小型飛行機から大型旅客機に至るまで、多くの飛行機に装備されています。

　昔から、後縁フラップはさまざまなタイプのものが開発されてきました。単純に主翼後縁を下げて湾曲を増加させるものや、主翼後縁の下面のみを下げるもの、主翼とフラップの間に隙間を設けたものなど、多くの種類があります。図3-3は、それらのイメージです。

　この中でなじみがあるのは、隙間を設けたスロッテッドフラップ（隙間フラップ）ではないでしょうか。翼下面の気流を隙間（スロット）を通してフラップ上面に導き、より深い展開角度まで気流の剥離を遅らせます。より効果を高めるよう隙間を2つに増やしたダブルスロッテッドフラップや、3つに増やしたトリプルスロッテッドフラップもあります。

　ファウラーフラップは、シングルスロッテッドを後方に少しずらした形ですが、隙間がないものもあります。

　ボーイング社はトリプルスロッテッドフラップを採用して一時代を築きましたが、このタイプは構造が複雑なためか、機種が新しくなるにし

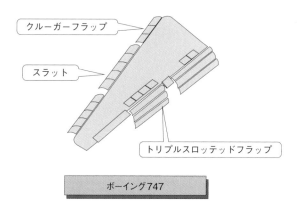

クルーガーフラップ

スラット

トリプルスロッテッドフラップ

ボーイング747

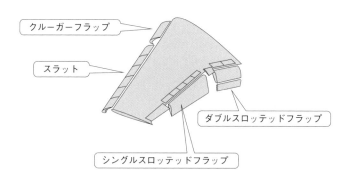

クルーガーフラップ

スラット

ダブルスロッテッドフラップ

シングルスロッテッドフラップ

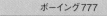

ボーイング777

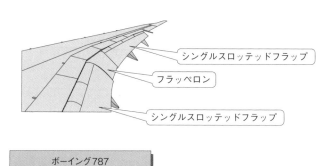

シングルスロッテッドフラップ

フラッペロン

シングルスロッテッドフラップ

ボーイング787

図3-2 後縁フラップのイメージ

写真2 A320が着陸フラップを展開したところ 　写真提供：ジェットスタージャパン社

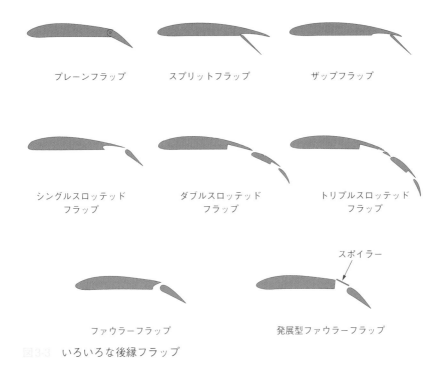

プレーンフラップ

スプリットフラップ

ザップフラップ

シングルスロッテッド
フラップ

ダブルスロッテッド
フラップ

トリプルスロッテッド
フラップ

スポイラー

ファウラーフラップ

発展型ファウラーフラップ

図3-3　いろいろな後縁フラップ

たがって隙間の少ない、**より簡単な構造のフラップに移行している**ようです。

　ちなみにボーイングB787のフラップは、隙間が1つのシングルスロッテッドフラップです。ただ、フラップが下がると同時に翼上面のスポイラーやインボードエルロンも下がるようにして、揚力を増やす工夫がなされています。フラップの役割を持たせたエルロンが、先ほどのフラッペロンです。

　一方、エアバス社はもともと比較的簡単な構造を採用しており、機種が新しくなるにつれ、隙間も2つから1つへと変わってきています。最新のA350ではスポイラーと連動して、翼のキャンバーを大きくして揚力を上げる機能も備えたファウラーフラップも採用されています。図3-3の「発展型ファウラーフラップ」がイメージです。B787と似た原理に見えますが、技術が進めば、会社が違っても向かう方向は似てくるのでしょう。

●**前縁フラップとスラット～後縁フラップと同時に展開する**

　前縁フラップとスラットは、主翼の前縁に設けられた高揚力装置です。後縁フラップがセットされる離着陸時、一緒に前方へ展開して揚力を高めます。

　前縁の高揚力装置には、他にも離着陸時に翼の前縁を下方に折り曲げるドループノーズデバイスなどがありますが、ここでは代表的なものについて解説します。

　前縁フラップはクルーガーフラップとも呼ばれます。主翼前縁に折りたたんでいたフラップを前下方へ突き出して、翼の湾曲（キャンバー）を大きくするとともに、**主翼面積を増加させて揚力を増やすものです**（図3-4）。

　実質的な迎角を小さくする効果もあるので、より高い迎角まで**失速を遅らせる**こともできます。NASAの資料には「スラットに比べて効果はやや劣るものの、構造が簡単」という利点が挙げられています。

　また、前縁フラップを出すと翼の前部を覆う形になるので、浮遊物や昆虫などの衝突による汚染から、気流への影響が大きい翼前縁を守る役

割も期待できるでしょう。

　この図のフラップは平板ですが、展開するにしたがって湾曲を持たせる（キャンバーを付ける）ように改良したバリアブルキャンバーフラップと呼ばれるものもあります。一般に、前縁フラップは、翼が厚くなる胴体に近いところに付けられています。構造上の都合でしょう。

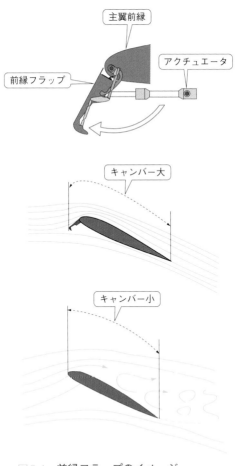

図3-4　前縁フラップのイメージ

■スラット～翼単失速を防ぐ

　スラットは、主翼前縁の一部分を前下方に移動させることで主翼との間に隙間を作り、翼下面側の気流の一部を上面に流して翼上面の剥離を遅らせるものです（図3-5）。より高い迎角まで失速せずに揚力を増大させることができます。前縁フラップと同じく翼のキャンバーを大きくし、主翼面積を増やす役割もあります。ただ、隙間を勢いよく空気が流れるので騒音源の一つと見られています。

　前縁フラップは胴体に近いところに装備されることが多いのですが、スラットは一般に、より外側に装備されています。非常に怖い**翼端失速**の防止対策にもなります。翼全幅にわたって装備している機種もあります。代表的な旅客機のスラットは2段階に展開し、離陸時は浅く、着陸時は1段深くなります（図3-6）。

　後退翼の飛行機は、気流が翼端方向に流れるので翼端部の境界層が厚くなり、剥がれて揚力を失うことがあります。これが**翼端失速**です。

　翼端失速は、近くにあるアウトボードエルロンの効きにも影響を及ぼします。翼端失速は迎え角が大きい低速時に発生しやすいのですが、低

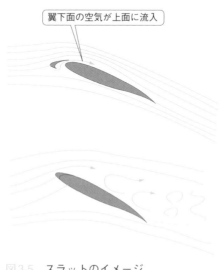

翼下面の空気が上面に流入

図3-5　スラットのイメージ

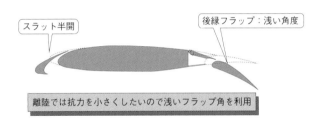

スラット半開
後縁フラップ：浅い角度
離陸では抗力を小さくしたいので浅いフラップ角を利用

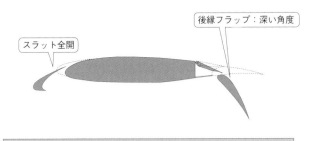

スラット全開
後縁フラップ：深い角度
着陸ではできるだけ遅い速度で接地したいので、深いフラップ角を利用

図3-6　離陸時と着陸時のスラットと後縁フラップ展開のイメージ

速時は主にアウトボードエルロンで機体の傾きを制御するので、機体が傾いたときの回復操作が利かなくなり、危険な状況に陥ることが考えられます。

　翼端失速の対策は、昔からいろいろ考えられていますが、翼端部前縁をねじり下げてそこの迎え角を小さくしたり、スラットを設けて失速を起こし難くしたりする方法が代表的です。今はやりのウィングレットにもその効果があります。

■スポイラー～最近のスポイラーは自動で作動する

　その名のとおり、主翼が発生する揚力をスポイルする（損なう）ために翼上面に備えられている板状のものです。ふだんは翼面と面一（つらいち）になって翼を構成していますが、必要なときには翼面に板を立てるように展開します（図3-7）。

スポイラーは翼上面の気流の流れを阻害して、それまで発生していた揚力を減少させるのが役目ですが、板を立てるので抵抗が増加してブレーキにもなるため、エアブレーキとしても働きます。

　多くの飛行機の主翼には、このスポイラーが装備されています。旅客機では片翼5、6枚ほどでしょう。

　スポイラーは飛行中に機体を傾けるとき、片翼だけ展開して、エルロンの働きを補佐したり、降下のときに左右同時に展開して機体の姿勢を変えずに高度を下げたりします。フライトスポイラーと呼ばれ、旅客機

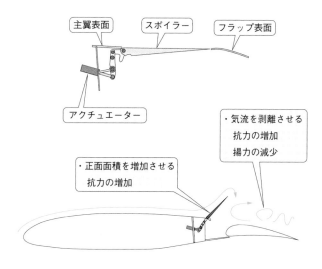

水平飛行中に使用	減速するが、機首上げ姿勢にして揚力を維持させる必要がある
降下中に使用	左右同時に展開して、機体の姿勢を変えずに高度を下げる。降下する角度を大きくすることができる
着陸進入中に使用	多くの飛行機はフラップ下げでのスポイラー使用を禁止している。旅客機では唯一ロッキードL10-11がDCL（Direct Lift Control）というスポイラーの開閉により直接揚力を制御し飛行姿勢や速度を変えることなく進入経路を維持するシステムを採用している
着陸時に使用	接地後の車輪ブレーキ効果を高めるためすべてのスポイラーを立ち上げ、揚力を減少させる

図3-7　スポイラーのイメージ

の場合、各翼外側の3〜4枚がその働きをします。最新の飛行機にはフラップと連動するスポイラーがあるのは、先述の通りです。

　着陸時、接地したらすべてのスポイラーが立ち上がります（図3-8）。車輪ブレーキが十分に利くように飛行機をしっかり滑走路に着けるため、それまで発生していた揚力を打ち消すのです。エアブレーキとしても働きます。胴体に近い2枚ほどは着陸のときにだけ使用され、グラウンドスポイラーと呼ばれます。

　最近の飛行機はパイロットの負担を軽減するため、着陸後、スポイラーが自動的に立ち上がります。オートスポイラーです。接地した飛行機の脚が十分に縮んだことを感知したエアグラウンドセンサーの信号で作動します。

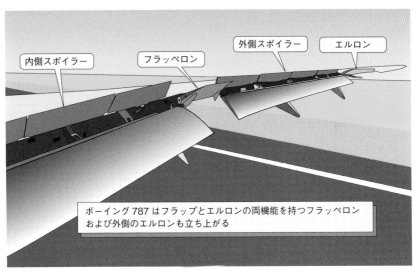

内側スポイラー　フラッペロン　外側スポイラー　エルロン

ボーイング787はフラップとエルロンの両機能を持つフラッペロンおよび外側のエルロンも立ち上がる

図3-8　着陸時のスポイラー展開の例

着陸は「スーッ」ではなく
「トン！」がいい理由

　飛行機の脚の縮み具合を感知するエアグランドセンサーを十分に機能させるには、飛行機を確実に接地させる必要があります。衝撃がほとんど感じられないほどのスムーズでソフトな着陸、いわゆるソフトランディングは乗客には好評ですが、滑走路条件が悪ければ安全が脅かされる可能性もあります。

　着陸があまりにソフトだと脚が縮むのが遅れて、センサーが飛行機の接地を感知するまでに時間がかかることがあります。その結果、オートスポイラーやオートブレーキ（後述）の作動が遅れ、路面が雪氷などで滑りやすくなった比較的短い滑走路では停止しきれない（オーバーラン）ことにもなりかねません。しっかりと接地させることが必要です。

　ハードランディングといわれる非常に強い着陸は論外ですが、あまりにスムーズでソフトな着陸も「安全上問題なし」とはいえないのです。また、ソフトな着陸は往々にして接地前の空中距離が伸びますが、それもオーバーランの要因になり得ます。

　以前、パイロットたちとこの話をよくしました。彼らは「目標の地点にトンと落とす感じの着陸」が良いと口にしていました。「しっかりした着陸」という意味で、ファームランディングという言葉を使う人もいました。

3-2 揚力は翼の周りの渦（循環）が生み出す

揚力の発生のメカニズムについては、以前からいろいろな説明がなされてきていますが、最近、納得がいく説明に出会いました。元神戸大学理学部教授の松田卓也氏による「揚力は翼の周りの渦（循環）に基づく※」というものです。他に、「翼によって押し下げられ空気の反作用に基づく」という説もありますが、筆者には循環をもとにした説明が腹に落ちますので、その説明を参考に、筆者なりの解釈で話を進めます。

■揚力はどうやって生まれるのか？

揚力は翼の上面と下面の圧力差で発生します。上面の流れが下面の流れより速いことから、上面の圧力が下面より小さくなって上向きの力が発生するというのが通説です。有名なベルヌーイの定理です（完全には解明できていないという話もあります）。

翼の上下で速度の差が発生する鍵は「翼の周りの渦（循環）」です。図3-9のような循環があると考えれば、翼上下面の気流の速度差について自然な説明ができます。循環によって上面の気流が加速し、下面の気流

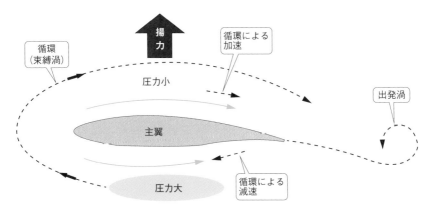

図3-9 翼の周りの渦（循環）

※：「飛行機はなぜ飛ぶのかのかまだ分からない？？」（https://jein.jp/jifs/blog-matsuda/
jifs/scientific-topics/887-130716-blog.html）
出典：基礎科学研究所（https://jein.jp/jifs.html）

が減速するという捉え方です。では、その循環はどのようにしてできるのでしょうか？

● 渦（循環）が生まれるメカニズム

　飛行機が動き出すと、尖った後方端を回りきれなかった空気が渦として残され（出発渦）、それと対となる逆向きの渦（束縛渦）が翼の周りに発生すると考えられます。循環の発生です。また、翼の端では翼下面の空気が上面に回り込んで、連続的な渦（翼端渦）ができます。

● 渦はつながって大きな輪になる

　先述の通り、飛行機の周りには3種類の渦ができますが、渦の中心を連ねた渦糸はつながって閉じる（輪になる）性質があるので、それらの渦はつながって大きな輪を形成していると考えられます。次の図3-10は、渦の輪についての筆者のイメージです。

　なお、3種類の渦の中で、翼端渦は肉眼で見られます。NASAが煙幕を使った実験を行ってその存在を確認していますし（写真3）、雲が渦巻いている写真などもネットで見られます。

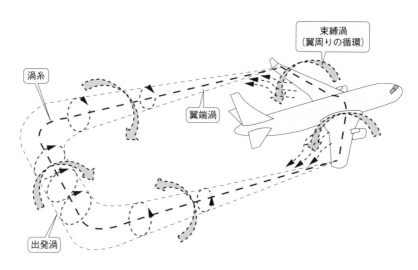

図3-10　渦の輪のイメージ

写真3 翼端渦 　　　　　　出典：NASA

■後方乱気流でA300が墜落したことも

　翼端渦は、圧力の大きい主翼の下面から圧力の小さい主翼の上面へ空気が巻き上がってできる渦流です。写真3からわかるように、激しく回転しています。特に大型機の翼端渦が成長した後方乱気流の力は強烈で、後ろに続く飛行機にとって極めて危険なものです。過去には巻き込まれて墜落したと思われる事故も報告されています。後方乱気流（ウェイク・タービュランス）として恐れられています。

　2001年、先行するB747の後方乱気流に入ったA300が墜落しました。A300を操縦していた副操縦士が、うまく渦に対応しきれなかったことが大きな要因でしたが、それほど強い渦があったということです。ビジネスジェット機がB767の後方乱気流に入って墜落した例もあります。

　この渦は、風があれば短時間で崩れたり流されたりして影響が少なくなりますが、無風の場合は「渦が自分で滑走路を外れるか」「空気の粘性で消滅するか」を待つしかありません。その間、後続機はスタンバイさせられることになります。

　その間隔は、管制の基準によると、レーダーが使用される場合は距離で表され、3〜8ノーティカルマイル（nm※）が設定されています（そのときの条件によります）。レーダーが使用されない場合は時間で表され、2〜3分の間隔に設定されています。なお、超大型機のA380型機と小

※：1nm＝1.852km

型機の組み合わせの場合などは4分というケースもあります。

　着陸でも、先行機の渦が滑走路や地上付近に残るので、同じように運用されます（図3-11）。

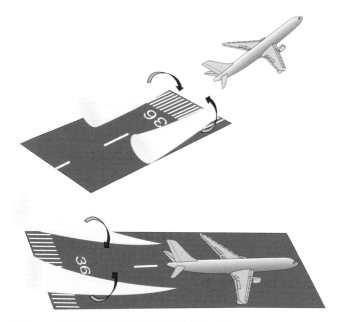

図3-11　翼端渦は離陸時も着陸時も発生する

■ウィングレットは翼端渦を使って推進効率を上げる！

　最近は主翼の先にウィングレットなどと呼ばれる「板」のようなものを立てた飛行機が増えてきています。その名前は機種によって違いますが働きは同じで、**翼の端で発生している渦（翼端渦）を利用して推進効率を上げようとするもの**です。

　NASAの資料によれば、ウィングレットは1800年代後半に英国の空力学者が考え出したもので、構想のまま残されていたようです。1970年代初期、NASAの技術者が風洞実験と計算でウィングレットの効果を確認し、実用化に向けた研究を進めたということです。後に、ウィングレットの効果は実機でも実証されています。

　最初、ウィングレットはビジネスジェットに採用され、後に大型旅客機にも採用されるようになりました。今やウィングレットが付いていない旅客機は少数派です。B787やB777-300ERなど、最近のボーイング機には、ウィングレットと同じように翼端渦を利用する**レイクドウィングチップ**というものが採用されています。

●いろいろな形のウィングレットは機体メーカーの汗と涙の結晶

　機体メーカーの改善努力の結果、さまざまな形のウィングレットが見られるようになりました。ブレンデッドウィングレット／シャークレット（写真4）あるいはスプリットシミタールウィングレットなど、いろいろな名前のウィングレットが次々に登場しています。主なもののイメージを図3-12に示します。翼端渦をうまく利用するために**機体メーカーが腐心している**ことが、少しずつ異なる形状から垣間見えます。これらからも新しいものが出てくるでしょう。

●ウィングレットも推進力や揚力を生む！

　飛行中、翼端では、圧力の高い主翼下面から圧力の低い主翼上面に巻き上がるように空気の流れができ、渦（翼端渦）となって後方に流れます。この巻き上がる流れをせき止めるように板（小翼）を立てると、そこに当たる気流から推進力や揚力が得られます。**翼端に立てた小翼が、主翼の揚力発生と同じ原理で推進力や揚力を発生する**のです（図3-13）。

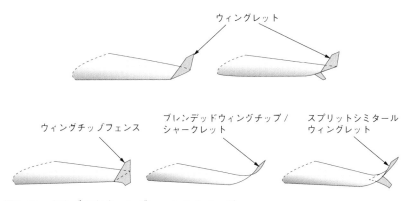

図3-12　さまざまなウィングレットのイメージ

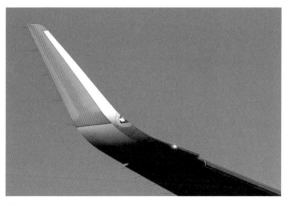

写真4　A320/321のシャークレット

写真提供：ジェットスタージャパン社

　ウィングレットの効果は機種によって違いますが、**数％の燃費改善**を見込めます。その燃費改善効果について、エアバス社はA320のシャークレットで3.5％、ボーイング社はB737-800のブレンデッドウィングレットで3.5％、B767-300ERのそれで4.4％の燃費向上になるといっています。結構な効果です。ウィングレットには**燃費改善**だけでなく、**翼端渦を小さくする効果**もあるので、後続機に与える影響も小さくなります。

●**レイクドウィングチップは通常のウィングレットより高性能**

　レイクドウイングチップは、翼の先端を、ぐっと後方へ折り曲げた形で、その部分の上反角が少し大きくなっています（図3-14）。形状は機種により若干異なります。NASAとボーイング社の検証では、通常のウィングレットより1～2％多い5.5％ほどの抵抗減少が確認されたそうです。燃費減少の効果も同程度と考えれば、5％ほどの燃費改善が見込めるでしょう。長距離では結構な効果が期待できます。

　ICAOのCERT（CO_2 Estimation and Reporting Tool）データ※を参考にして、具体的な効果を推定してみます。B787-9で、羽田からニューヨークへ飛ぶ場合、燃料消費量は75 tほどと推定されるので、5％の削減が見込めるなら3.75 tもの燃料消費削減が期待できます。さらに、それを運ぶための燃料も減るので、**実際には4 tほどの削減効果を見込めそうです。**

※：ICAO が提供しているCO_2排出量算定用簡易データ

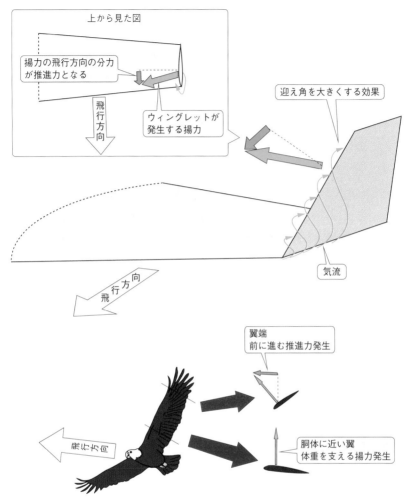

上から見た図

揚力の飛行方向の分力
が推進力となる

飛行方向

ウィングレットが
発生する揚力

迎え角を大きくする効果

気流

飛行方向

翼端
前に進む推進力発生

飛行方向

胴体に近い翼
体重を支える揚力発生

図3-13　ウィングレットが推進力を発生する原理（イメージ）

レイクドウィングチップ

図3-14　レイクドウィングチップ（イメージ）

ただ、レイクドウィングチップは翼が長くなるので、**翼の付け根にか****かる曲げモーメントが大きくなるという欠点があります**。大型機なら空港のゲート間隔にも影響するかもしれません。

　そのためB777Xには、地上でレイクドウィングチップを折りたたんで翼幅を狭める構想があるようです。近々、空港で翼を折りたたんだ飛行機を見ることができるでしょう。

Column 「アクティブウィングレット」という 新技術

　さまざまなウィングレットがあることは先に述べたとおりですが、ごく最近、新たな構想が現れました。米国のタマラックアエロスペースという会社が開発したもので、ウィングレットの側にエルロンに似た小さな翼を付けたものです。小さな翼の働きで、**燃費向****上やタービュランス時に翼にかかる負荷の軽減を狙っているようで****す**。アクティブウィングレット（図3-15）と呼んでいますが、ウィングレットが動くわけではありません。軽飛行機には装備の実績があるようです。A320への採用を働きかけているそうですが、日の目を見るかどうかはわかりません。

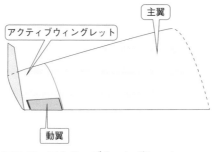

図3-15　アクティブウィングレット

第4章

機種ごとに違う
「脚」や「車輪」の位置と数

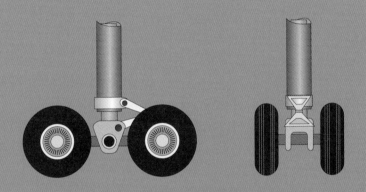

飛行機が地上に降り立ったとき、その重量を支えて移動を助ける脚、車輪、ブレーキ、そしてタイヤの話です。第4章ではそれらの構造、仕組みや働き、さらにはその変遷などについて解説します。高速で移動するときに起きるハイドロプレーニング現象や、それを防ぐ対策も解説します。

4-1 ジェット機の「脚」と「車輪」

　重い機体を支える脚柱は、機首の下に1本、翼の下に2本の計3本が一般的です。しかし、B747や一昔前に飛んでいたダグラスMD-11などの大きな飛行機では、胴体にもさらに1～2本あります（写真1）。ウクライナで開発された最大離陸重量が600 tもある世界で一番大きいAn-225には、機首下に2本、胴体両側に7本ずつ、計16本の脚がありました（図4-2）。

　これらの脚にはタイヤやブレーキ（通常主脚のみ）が付けられていますが、それら全体をランディングギアと呼んでいます。機首の下にあるものがノーズランディングギア（前脚または首脚、以下ノーズギア）、翼の下にあるものは通常、メインランディングギア（主脚、以下メインギア）と呼ばれています。胴体にも脚がある飛行機では、翼の下のものをウィング（ランディング）ギア、胴体に付いているものをボディ（ランディング）ギアと、分けて呼ばれます。

　タイプはいろいろありますが、一般にメインギアが機体重量の90%ほどを支えており、ノーズギアには10%ほどの重量がかかっています。

■「脚」には油と窒素ガスが入っている

　図4-1は、B767のような4輪のタイプの主脚およびホイールやタイヤのイメージです。

　脚は二重構造で、中に油と窒素ガスが入っており、着陸の際の地面の反力によって脚が縮むときに起きる窒素ガスの圧縮と、脚内部の作動油の流れの制限により、衝撃を和らげる仕組みになっています。脚は「オレオ」とも呼ばれます（図4-3）。

■ホイール、タイヤ、ブレーキが組み込まれた車輪

　車輪の構造のイメージは図4-4の通りです。アルミニウム合金やマグ

ネシウム合金でできたホイール、タイヤ、そしてブレーキが組み込まれています。現在、炭素繊維プラスティック（CFRP）製ホイールの研究が進められているようです。大幅な重量軽減ができると思われるので、いずれ金属製に取って代わるでしょう。

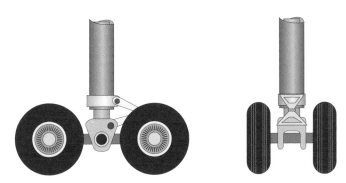

図4-1　4輪のタイプの主脚およびホイールやタイヤのイメージ

写真1　B747の脚　　　　　　　　　　　　　　　　写真提供：日本貨物航空

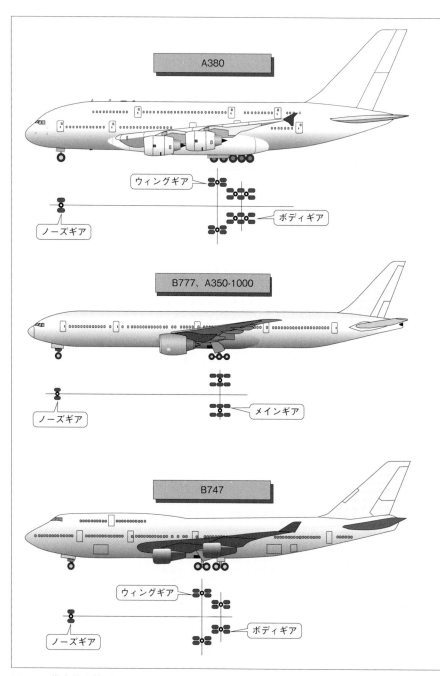

図4-2 代表的な機種のランディングギア配置のイメージ

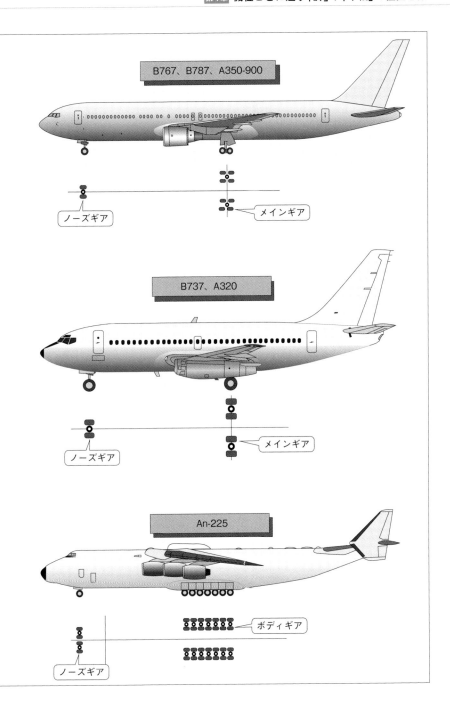

B767、B787、A350-900

ノーズギア

メインギア

B737、A320

ノーズギア

メインギア

An-225

ボディギア

ノーズギア

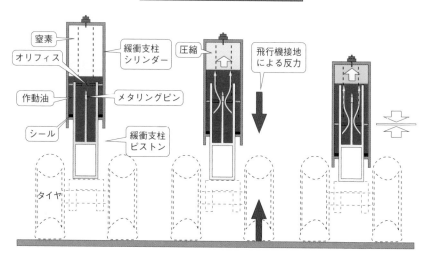

図4-3　脚の内部構造と作動のイメージ

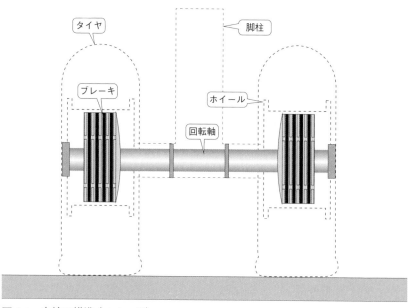

図4-4　車輪の構造（イメージ）

Column
飛行機の車輪は、ただ転がるだけで動力なし！

　普通の飛行機はエンジンの推力で進むので、特別の目的がない限り、車輪に動力は必要ありません。だいぶ昔になりますが、ボーイング杜がB777-300を開発するとき、主車輪をモーターで回すことを考えたことがあります。B777-300の胴体があまりに長いので、地上で旋回するとき、片方の車輪を反対側に回して、旋回半径をできるだけ小さくしようとしたのです。しかし、採用には至らず、先述のカメラによるモニターでの対応になりました。

　今、日本や欧州で燃料消費、ハンドリング要員や機材を削減するため、電動モーターで地上を走行するタキシングシステムが研究されています。日本では経済産業省が中心となって研究が進められているようです。近い将来、電動モーターで地上を走行する飛行機が出現するかもしれません。

4-2　自動車用とは異なる「タイヤ」

　大型機の場合、タイヤ1本で20 t以上の重量を支えています。このタイヤにはチューブレスのタイヤが用いられています。自動車用のチューブレスタイヤとは、刻まれた溝が異なります。

　飛行機の場合、車輪は単に転がるだけなので、タイヤには図4-5のような縦の溝（グルーブやリブ溝と呼ばれています）があるだけです。自動車用のタイヤでラグ溝と呼ばれる縦横斜めの溝はありません。縦横斜めの溝は高速時に欠けやすいという欠点があります。

　グルーブがあるとタイヤと路面の間の水を排除できるので、ハイドロ

プレーニング現象（以下、ハイドロプレーニング）の原因となる、水の膜ができるのを防げます。縦方向の溝は、タイヤの横滑りを減らす効果もあります。激しい降雨の中でも離着陸のため高速で走行する飛行機には、なくてはならないものです。

■ジェット旅客機のタイヤは自動車タイヤの7.5倍の内圧！

　もともと、車輪は地上でのみ使われるもので、空を飛ぶ飛行機には邪魔な存在です。したがって、車輪はできるだけ少なく、小さいことが求められ、必然的にタイヤも小さくなります。結果として小さなタイヤ（接地面積小）で重々量を支えることになるので高い内圧が必要になります。ハイドロプレーニング防止にも有効です。

　機種によって違いはありますが、旅客機のタイヤの内圧は1cm²あたり15kgぐらいあります。自動車のタイヤの内圧が2kgほどですから、その圧力の高さのほどがわかります。タイヤには、素材の酸化や火災時の爆発を防ぐため、窒素ガスが充填されています。

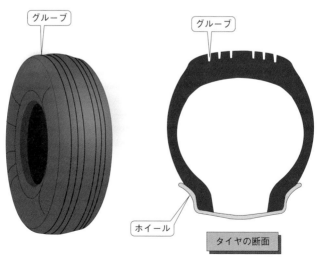

図4-5　タイヤの構造

■長い地上走行には向かないジェット旅客機のタイヤ

　飛行機のタイヤは、高速には強いのですが、長距離走行は苦手です。もともと離着陸時などでの運用が想定されているので、高速での走行は得意です。しかし、自動車のように長い距離を走ることは前提としていないので、長距離を走行すれば問題が出てくる可能性があります。飛行機のタイヤは1本の受け持つ重量が大きいことから、転がるときの変形の量が大きく、それが繰り返されると内部の発熱でタイヤの温度が上がり、ついには空気が抜けたり、破裂したりする可能性があるのです。

　大きな空港でゲートから遠く離れたところに滑走路がある場合は、延々と地上走行を強いられることもありますが、その場合は速度を落とすなどの注意が必要でしょう（時間はかかりますが）。

■張り替えできるが、タイヤの寿命は長くて8か月

　飛行機のタイヤは離着陸で厳しい条件にさらされます。着陸時、タイヤが接地した瞬間に白煙が上がるのを見れば、相当な衝撃があるだろうことは推測できます。

　バイアスタイヤは200回ほど、ラジアルタイヤは350回ほどの離着陸に耐えます。交換されたタイヤは、プライコードが切れたりして強度が低下しない限り、薄くなったトレッドと呼ばれるゴム部（溝がある部分）を張り替えて再使用されます。ゴム部の張り替えは、リモルド、リトレッド、リキャップなどと呼んでいます。

　バイアスタイヤの場合、通常6回ほど、ラジアルタイヤは3回ほど、張り替えを繰り返せるようです。したって、タイヤの寿命は、バイアスタイヤなら計算上1,200回ほど、ラジアルタイヤの場合は1,050回ほどの離着陸ということになります。

　長距離国際線のように1日1回ほどの離着陸であれば3年は使えそうですが、国内線の場合1日5～6回の離着陸は普通ですから、バイアスタイヤで7～8か月、ラジアルタイヤで6～7か月持つかどうかです。

■バイアスタイヤからラジアルタイヤへ

　従来、飛行機のタイヤにはバイアスタイヤが使用されてきましたが、今やラジアルタイヤが主流です。ラジアルタイヤの利点は次の通りです。

・発熱が少なく、安全面で有利。バイアスタイヤに比べて発熱量が15 ～ 30％少ないといわれており、先述の発熱による空気抜けや、タイヤ破裂の懸念がより小さい。
・耐摩耗性に優れる。タイヤ交換の間隔が長く、整備性が良い。
・転がり抵抗が少ない。低いエンジン推力で走行できるので、燃費が良い（飛行機の場合、走行距離が短いので、それほど大きな効果は期待できないかもしれないが……）。

　ラジアルタイヤとバイアスタイヤの違いは、タイヤの内圧を受け持つプライコードと呼ばれる、ナイロンなどでできた繊維の配置方法の違いです。ラジアルタイヤは車軸から見て放射状に繊維が配置されており、バイアスタイヤは、プライコードが放射状ではなく、ある角度（バイアス角、30 ～ 40°）で配置されています。図4-6はそのイメージです。

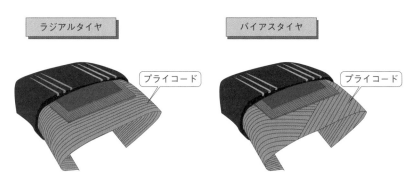

図4-6　ラジアルタイヤとバイアスタイヤ

Column A380のタイヤがほぼ真四角になった！

　にわかには信じ難い話ですが、2016年5月、香港からロンドンに到着した英国航空のA380のタイヤのうち1本が、ほぼ真四角になったというニュースがcnet.comというサイトに流れました。その形は写真2のようになっていました。このタイヤは離陸時に空気が抜けたようで、到着したら四角になっていたといいます。どうしたらこんな形になるのでしょうか？

写真2　四角く変形したA380のタイヤ　　　　　写真提供：The Aviation Herald

4-3 現在の主流ブレーキはマルチディスクブレーキ

　飛行機の車輪ブレーキはディスクブレーキ、それもディスクが複数枚のマルチディスクブレーキが使用されています（図4-7）。昔ながらのドラムブレーキ（シュウブレーキ）は、軽飛行機には用いられることがあるようですが、最近の旅客機で見ることはありません。

　ディスクブレーキは、回転する円盤状のローターディスクと、その間に交互に挟まれた固定のステーターディスク、およびそれらを外から締め付けるピストンからなっています。ピストンでローターとステーター

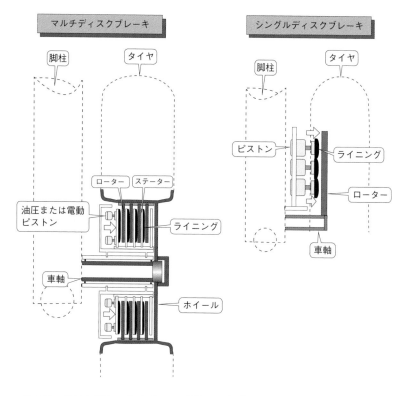

マルチディスクブレーキ

脚柱　タイヤ

ローター　ステーター

油圧または電動
ピストン

ライニング

車軸

ホイール

シングルディスクブレーキ

脚柱　タイヤ

ピストン

ライニング

ローター

車軸

図4-7　ドラムブレーキからマルチディスクブレーキへ

を押さえて接触させて制動するのです。

　当初、ディスクブレーキは自動車で使用され始め、1950年代以降、徐々に飛行機でも使用されるようになり、従来のドラムブレーキに取って代わりました。初期はローターディスクが1枚のシングルディスクブレーキでしたが、機体が大型化し重量が増えていくにしたがって、高いブレーキ効果が求められ、ダブルディスクブレーキ、マルチディスクブレーキとディスクが増え、現在はディスクが4～5枚のマルチディスクブレーキが使用されています。

　ローターディスクには銅、ステーターディスクにはスチールが用いられていました。剛性が高いベリリウムを使用したものも現れたようですが、これらは後述するカーボンブレーキに取って代わられました。

■戦闘機のカーボンブレーキが旅客機にも！

　素材も変わってきました。先述したとおり、旅客機には銅やスチールが使用されていたのですが、B767が現れたころから炭素繊維を素材としたブレーキが採用されるようになりました。いわゆるカーボンブレーキです。それまで戦闘機などへの限定的な使用にとどまっていたものが、徐々に旅客機にも使用されるようになり、最近の旅客機にはこのカーボンブレーキが広く使用されるようになってきています。

　カーボンブレーキはスチールブレーキに比べて軽く（半分程度）、ブレーキ性能も優れています。高温になっても摩擦係数が落ちず、寿命も2～4倍長いのでいいことずくめですが、値段が高い（2～4倍）のが玉に瑕です。寿命を考えれば、カーボンブレーキもスチールブレーキもコスト的にはあまり変わらなさそうです。

　初期のカーボンブレーキにはガク効きという弱点がありました。ブレーキペダルを踏み込む量とブレーキの効き具合が、必ずしも比例していなかったので、踏み込み量がある程度大きくなると急に「ガクン」とブレーキがかかる現象が発生したのです。水を吸収しやすいカーボンの性質も影響したようで、雨の中の着陸は要注意でした。今は改善されていますが、初期のカーボンブレーキが装備されたB767-300が導入され

た当初、パイロットたちはそれまでのブレーキとの感覚の違いに戸惑っていました。

■将来は磁力による制動も!?

これまでのブレーキは、ローターディスクとステーターディスクの摩擦によって制動効果を得ていましたが、現在、日本の経済産業省が中心になって、**磁力による制動**が研究されています。ブレーキの寿命が長くなり、整備費用の削減が見込まれます。

■ロックを防ぐ「アンチスキッドシステム」

当然ですが、ブレーキを踏み込めば車輪の回転が落ちてきます。低速走行時は、そのまま飛行機の速度が落ちて止まりますが、高速走行の場合、特に**地面が濡れて滑りやすくなっている**ときなどは状況が変わります。

高速時、ブレーキによって車輪の回転が制限されると、それが引き金となって**タイヤが滑り始める**ことがあります。スキッドといわれます。さらにはタイヤと地面の間の摩擦がガクンと小さくなる**ハイドロプレーニング**という現象に進むこともあります。

ハイドロプレーニングが発生すると、地面の水膜にタイヤが乗っかることで、容易に車輪がロックしてしまいます。回転が止まって滑り出すのです。当然、停止距離は伸び、状況によっては方向制御すらおぼつかなくなります。

そこでアンチスキッドシステムの登場です。このシステムは、車輪がある程度滑り始めるとブレーキを緩め、車輪が再び転がり始めたらブレーキをかける、という操作を繰り返し、**車輪のロックを防いで最大限の制動力が発揮**できるようにします。自動車などではアンチロックシステムとも呼ばれています。

■パイロットの負担が減るオートブレーキシステム　（自動ブレーキ）

最近の飛行機には、着陸したら自動でブレーキがかかるシステムが搭

載されています。着陸してオレオが十分に縮み、車輪の回転がある程度上がった時点で、あらかじめパイロットがセットしていた減速度でブレーキを作動させるのです。

このシステムは減速度を一定に保つので、例えばエンジンのスラストリバーサーを作動させると、その分、ブレーキを緩めます。これによりブレーキシステムの負担が軽くなって、寿命も延びます。

オートブレーキシステムは自動で立ち上がるのでブレーキの踏み遅れがなく、パイロットの負担も軽減されます。ブレーキペダルを踏み込むかコントロールパネルを操作すれば、解除も簡単にできます。

4-4 「ハイドロプレーニング」は3種類ある

平滑な地面に、水たまりやスラッシュ（融けかかった雪）などがあるとき、その上を高速で走行すると、地面とタイヤの間に水膜ができてタイヤを持ち上げ始めます。速度が速くなるにしたがってその力は大きくなり、ついには完全にタイヤを持ち上げてしまうほどになります。

タイヤが地面から離れると摩擦係数が極端に減り、ブレーキが効かなくなったり、方向コントロールができなくなったりして、非常に危険な状況に陥ることもあります。

この現象をハイドロプレーニングあるいはアクアプレーニングと呼んでいます。ハイドロプレーニングには3種類あるといわれ、上述の現象はダイナミックハイドロプレーニング（図4-8）と呼ばれます。その他の2種類は次の通りです。

・ビスカスハイドロプレーニング：ゴムが付着した滑走路などの非常に平滑な地面で起こり、低速まで続きます。

・リバーテッドラバーハイドロプレーニング：ブレーキが強く踏まれてタイヤがロックした状態で滑ると、地面との接触熱でタイヤと地

面の間に水蒸気が発生し、それにより摩擦係数がさらに小さくなって低速まで続きます。このとき発生する熱でタイヤの表面が溶けることもあります。この現象は、ダイナミックハイドロプレーニングに続いて起こるといわれています。

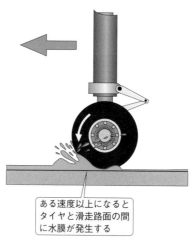

ある速度以上になるとタイヤと滑走路面の間に水膜が発生する

図4-8　ダイナミックハイドロプレーニングのイメージ

ハイドロプレーニングを防ぐ 滑走路の「グルービング」

　ハイドロプレーニングに対しては、先述した飛行機側の対策だけでなく、滑走路側にも対策が施されています。日本の空港の滑走路には、進行方向に対して垂直にグルービングという小溝が切られています。その溝を通して降った雨水を排水し、滑走路上の水膜が厚くなるのを防いでブレーキ効果を上げるのが目的です。その効果には目を見張るものがあり、ハイドロプレーニングを防ぐ有効な手段です。

　溝の代わりに滑走路表面を粗くして吸水能力を持たせる方法もありま

す。ポーラスフリクションコース（PFC）と呼ばれます。

　ポーラス（多孔質）の名の通り、粗くした表面から雨水が地中に流れ出て、滑走路表面に水の層ができるのを妨げようとするものです。高速道路などにも採用されているので、見かけた方もいるでしょう。

　グルービングと同様の効果があるということで、以前から英国の軍用空港などに採用されています。ただ、大雨が降ったときの排水能力に限界があったり、ゴム付着などに対するメンテナンスが難しかったりと課題もあるようです。

■日本の滑走路グルービング

　溝の大きさは国によって違いがあるようですが、日本の場合、滑走路の全長にわたって32mmの間隔で、幅6mm、深さ6mmの溝が、滑走路の幅3分の2に切られています（図4-9）。

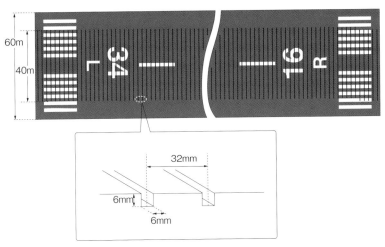

図4-9　日本の空港の滑走路グルービング

■「ハイドロプレーニング」を発見したのはNACA

　60年以上前の1957年ごろ、NASAの前身であるNACAの実験でハイドロプレーニングの存在が認識されたそうです。その後、米国NASA、FAA、英国国立航空研究所などの研究で、ダイナミックハイドロプレーニングは「タイヤの圧力が高ければ起こりにくく、低ければ遅い速度でも起こり得る」こと、「その速度は、タイヤ圧の平方根に比例する」ことがわかりました。

　この現象は自動車でも同じです。空気が抜けたタイヤで走っていると、雨の日は危険な目に遭う可能性が高いことになります。

　ツルツルのタイヤもダメです。路面とタイヤの間に水膜を作らせないため、タイヤの凹凸は重要なのです。

第5章

乗客の快適・安全に直結する 「与圧」と「空調」

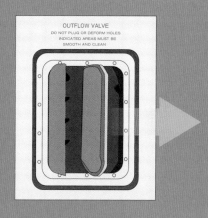

乗員乗客が高高度でも快適に過ごせるためのシステムの話です。空気の薄い高高度を飛行して乗客を運ぶ飛行機は、機内の気圧を高め、温度を上げて快適な状態を維持しなければなりません。第5章では、機内の気圧や温度をコントロールする仕組み、与圧が失われる急減圧や酸素欠乏症（ハイポキシア）などについて解説します。

5-1 「与圧」しないと高い高度は飛べない

　旅客機は通常、空気が薄く気圧が低い高空でも、機内にいる人たちが快適に過ごせるよう、地上に近い気圧が保たれます。これを与圧といいます（図5-1）。機内の気圧は機外の気圧より高められており、機体には外に向けて強い圧力がかかっています。いわば風船状態です。

　大気圧は上空に行くほど小さくなるので、飛行機が与圧された状態で上空に行けば機内外の差圧が大きくなり、それに伴って胴体は膨張します。

　逆に高度が下がれば収縮します。飛行機の胴体は運航のたびに膨張と収縮を繰り返すのです。この結果、胴体構造は疲労していきます（金属疲労）。

　与圧の程度を大きくする（機内の気圧高度を低く抑える）と機内外の気圧差が大きくなるので、膨張と収縮が繰り返されれば金属疲労は早ま

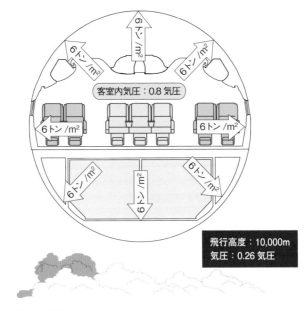

図5-1　与圧

り、飛行機の寿命が縮まります。初期のジェット機では、与圧による金属疲労が原因で墜落事故につながったケースもありました。

　胴体構造を頑丈にして金属疲労に対応すると、重量の問題があります。重量軽減を第一義とする飛行機には受け入れ難いものです。そこで、重量を増やすことなく胴体構造の負担を軽くする方法として、**与圧を一定程度に抑える対応**がとられています。

■バルブを開け閉めして機内圧をコントロールする

　機内外の差圧には**限界値**が設定されていて、それを超えそうになったら開放弁が開く仕組みですが、通常は限界値に余裕を持たせた差圧に制限して、それを維持するようにしています。

　機内の気圧は、機外に通じる**アウトフローバルブ**というバルブによってコントロールします（図5-2）。バルブを開け閉めして機内から機外への空気の流れを調節しながら、機内圧を一定程度に保つのです。アウトフローバルブには、機内外の圧力差により開くバネ仕掛けのものと、圧力差を電気的に感知して作動する**コンピュータ制御**のものがあります。

　機種によってはアウトフローバルブが1つのものや、形状がお椀状のものがあります。

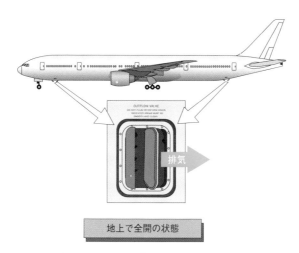

図5-2　アウトフローバルブの配置と形状の例（イメージ）

■人体に影響がない範囲で機内の気圧を下げることもある

　空気が薄い高高度の飛行は抵抗が少なく、燃料消費量の面で有利になります。長距離を飛ぶ飛行機にとっては魅力的ですが、乗っている人の快適性を考えると、機内の気圧高度はそう高くできません。

　しかし、機内の気圧高度を低く保とうとすれば、胴体構造を頑丈にして、大きくなる機内外の差圧に耐えられるようにしなければならず、その結果、機体重量が増えれば、その分、搭載可能な乗客や貨物が減ったり、航続距離が短くなったりします。

　そこで、**搭乗者を不快にさせない範囲で機内外の圧力差を小さくする**（機内の気圧高度を高める）ことが考えられました。もちろん、人体に影響がない範囲なので、機内の気圧高度には上限が設けられています。FAAの基準や日本の耐空性審査要領によれば、その上限値は気圧高度8,000 ft（約2,400 m）、気圧でいえば約0.74です（図5-3）。したがって、通常、機内の気圧がそれを下回る（気圧高度が8,000 ftを超える）ことはありません。

●上昇できる限界の高度は？

　飛行機の上昇につれて機内の高度も上昇しますが、その速度は飛行機の上昇速度より小さいので、機内と機外の差圧は広がっていきます。そ

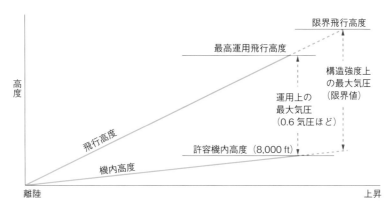

図5-3　飛行高度と機内高度との関係（イメージ）

のまま上昇を続ければ、遠からず機体構造強度の限界に達します。その
ときの差圧が先ほど述べた限界値です。このときの飛行高度が、その飛
行機が上昇できる限界の高度です。

　先述のとおり、通常の運航では限界の差圧に一定の余裕を持たせた差
圧を最大差圧として、それを超えないように運用されます。

　最大差圧は機種によって異なりますが、大抵の機種では気圧で0.6±0.05
の間にあるようです。例えば、最大差圧が0.6気圧の場合、機内高度が許
容される上限の8,000 ft（約2,400 m、約0.74気圧）になるまで上昇したとき、
機外の気圧は約0.14気圧、飛行高度は約45,900 ft（約14,000 m）になりま
す（図5-4）。この高度が運用上の最高飛行高度になります。実際にB747
では、45,000 ft（約13,700 m）まで飛行高度を上げることもありました。

　もちろん、構造強度を上げて最大差圧を0.6より大きくすれば、上昇
できる高度はもっと高くなりますが、客室急減圧への対応に関する要件
もあり、普通の旅客機はそこまで上昇できません。機体重量も重くなり
ます。

　最近の旅客機の中には、快適性を考慮して、機内の高度を6,000 ft（約
1,800 m、約0.80気圧）ほどまでに抑えているものもあります。最大差圧
0.6気圧のままで機内高度6,000 ftを維持しようとすれば、最高飛行高度

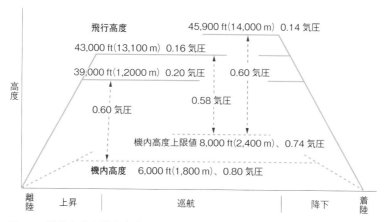

図5-4　飛行高度と機内高度と差圧の例

Column ## 金属疲労で墜落した旅客機「コメット」

　有名な話ですが、英国のデ・ハビランド社が製造した世界初の
ジェット旅客機DH.106 コメットは、1953年から1954年にかけて
3機墜落しています。調査の結果、そのうちの2機が与圧による金属
疲労が原因で胴体が破壊され、空中分解したことが判明したことか
ら、それ以降の飛行機では徹底した構造解析や疲労試験がされるよ
うになりました。

　初めて与圧された旅客機はボーイング307 ストラトライナーで、
コメットより10年ほど早く製造されています。レシプロエンジン
機なので飛行高度がそれほど高くなく、与圧の程度も小さかったの
でしょう。金属疲労の話は見当たりません。ただ、それ以前の飛行
機に比べれば高い高度を飛行できたので、飛行時間の短縮や機内の
快適性など、与圧にはそれなりのメリットがあったでしょう。

は39,000 ft弱（約12,000 m、約0.20気圧）になります。

　しかし、最新のB787やA350などでは、それより高い飛行高度でも機
内の気圧高度を6,000 ft（約1800 m）に抑えているようです。最大差圧は
0.6気圧を超えますが、**双方とも胴体に複合材を多用しているので余裕
がある**のでしょう。

■大型機のエンジン破壊が影響した「最高許容飛行高度」

　最近、FAAの基準が改定され、新しい旅客機には40,000 ft（約12,200 m）
を超える高度での飛行は認められなくなりました。以前の基準ではビジネ
スジェットのような一般の飛行機や、コンコルドなどを除く※普通の旅客機
は、45,000 ftまでの飛行高度が認められていたので、かなりの引き下げです。
ほとんど退役しましたが、B747-400以前のB747は45,000 ftまで飛行可能で
した。

※：自家用機などの一般の飛行機は51,000 ft（約15,500 m）、コンコルドは60,000 ft（約18,300 m）。

　基準が改定された理由は、構造強度の問題ではなく、**急減圧が起きた
ときの乗客への影響が問題視される**ようになってきたからです。急減圧
のときでも、**乗客を気圧高度が40,000 ft（約12,200 m）を超える**（気圧
が約0.185以下になる）**状況にさらしてはならない**という考えが大勢を
占めるようになっているようです。最近発生した大型機のエンジン破壊
が影響していると思われます。

●**看過できなくなったエンジン破壊による急減圧**

　新基準の適用対象は、新型機で翼にエンジンを搭載したものが対象で
す。FAAの資料によれば従来、急減圧は主に与圧システムの不具合に
よると見られてきましたが、最近では「エンジン破壊の際に飛散したロー
ターが、胴体に穴を空けて起きる可能性が高い」と考えられるようになっ
ているようです。近年のエンジン大型化に伴い、**エンジン破壊による急
減圧の可能性を看過できなくなった**ということでしょう。

　なお、胴体後方にエンジンが搭載されているような機体は対象外と
なっています。これはローターが飛散しても与圧領域を破壊することは
少ないと見られるからでしょう。

●**新型機が不利なので暫定措置も**

　いきなり新しい基準を適用すると、飛行高度を抑えられる新しい機種
が不利になり、結果として燃費が良くCO$_2$の排出が少ない新型機への移
行が進まない可能性があることから、**新型機にも暫定的に45,000 ftまで
の飛行を認める**としています。背景に飛行機メーカーをはじめとする航
空産業界からの異論があったのではないかと推察しています。

　ただ、最近出てきた飛行機の最高飛行高度を見てみると、

　　　B747-8、B777、B787-8、B787-9：43,100 ft（約13,100 m）
　　　A350-1000　　　　　　　　　　：41,500 ft（約12,650 m）
　　　B787-10　　　　　　　　　　　：41,100 ft（約12,500 m）

となっていて、新しい機体ほど低くなっているように見えます。実際の
認可条件が厳しくなっているのではないでしょうか。今後製造される新

型機に対しては40,000 ftが適用されそうです。

■与圧が失われる事態とハイポキシア（酸素欠乏症）

　先ほど触れましたが、エンジンの破壊などが原因で機体に穴が空いたり、与圧システムが故障したりして、機内の気圧が急激に下がることがあります。急減圧あるいはデコンプレッションといいます。

　機内の気圧が急激に下がって空気の薄い機外の状況に近づけば、酸素が欠乏し、搭乗者はハイポキシア（酸素欠乏症）に陥って生命を脅かされることになりかねません。めったにあることではありませんが、備えはしっかりしておく必要があります。そのときのために十分な酸素の搭載が求められています。

　急減圧が起きたとき、パイロットはただちに専用の酸素マスクを被って、乗客が安全に呼吸できる高度まで飛行機を急降下させます。その高度は10,000 ft（約3,000 m）が目標になります。その後、可能な限り早く8,000 ft（約2,400 m）以下に飛行高度を下げることが求められます。

　その間に客室では、天井から酸素マスクが落ちてきているでしょう。機内の高度が14,000 ft（約4,300 m）を超える（気圧が約0.59以下に下がる）と自動的に乗客用緊急酸素装置が作動して、マスクが座席の頭上部分から落ちてぶら下がります。それを強く下に引けば酸素が流れます。搭乗時、客室乗務員が使い方を説明してくれますね。

●高度約13,000 mでは9〜12秒で意識を失う

　酸素がなくなるとハイポキシア、いわゆる酸素欠乏症というものになって、すぐに意識がなくなります。表はFAAのデータの抜粋ですが、ごく短時間で意識がなくなることがわかります。日本の航空医学研究センターなども同様の数値を出しています。酸素が少なくなってくると、気持ちがよくなる人もいるそうです。そしてそのまま……怖い話です。

　まずないとは思われますが、もし酸素マスクが落ちてくるようなことがあったら、すぐに装着してください。子供を連れているときは、大人が先に酸素マスクを着けます。大人が先にハイポキシアに陥ったら、子供も困ってしまうからです。

表 高度と有効意識時間

高度	有効意識時間
43,000 ft (約13,100 m)	9〜12秒
40,000 ft (約12,200 m)	15〜20秒
35,000 ft (約10,700 m)	30秒〜1分
30,000 ft (約9,100 m)	1〜2分
25,000 ft (約7,600 m)	3〜5分
22,000 ft (約6,700 m)	10分
18,000 ft (約5,500 m)	20〜30分

5-2 空調（エアコン）がなければ人は耐えられない

■客室の空気は3分ほどで入れ替わる

飛行機が行きかう高度では、気圧が低いだけでなく、気温も非常に低くなっています。理科年表によれば高度が1 km上がると、気温は平均で6.5 ℃低くなり、高度12 km手前で−56.5℃まで下がって、それ以上20 kmまでは一定、となっています。実際の気温には変動がありますから、もっと低くなることもあるでしょう。

いずれにしても、**旅客機が飛ぶ高度は人間にとって耐えがたい環境**ですから、客室には、快適な温度に調整された空気が送り込まれます。B787のように専用の圧縮機を備えた旅客機もありますが、大抵の旅客機では、エンジンで圧縮されて高温になった外気の一部を冷やして使っています。

エンジンで圧縮された高温の空気は、外気を利用する熱交換器や断熱圧縮・断熱膨張を利用するエアサイクルマシン（ACM）で冷却された後、濾過された客室内の空気と混ぜられて温度が調節されます（図5-5）。混

ぜられる客室内の空気の割合は、機種にもよりますが4割程度です。

　エンジンから機内へ送られる間に、フィルターで細かなゴミや細菌、ウイルスなどが取り除かれます。最近の旅客機には、新型コロナウイルスのパンデミックで名前が売れた**HEPAフィルター**という高性能フィルターが装備されています。細菌やウイルスの99.99 %を除去できるとい

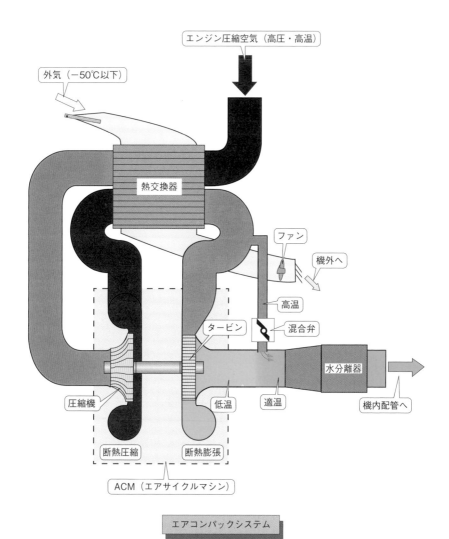

図5-5　客室空調用空気の流れのイメージ

われています。

調温された空気は客室上方から供給され、客室下方から排出されます。供給される空気の一部を、乗客が自分の好みに応じて利用できるよう、頭上に流量調節ノズルを備えた機種もあります。客室の空気は3分ほどで入れ替わります。

調温された空気は、床下貨物室にも供給されます。床下貨物室にはペットなどの動物や生鮮食料品、あるいは花卉類などが積まれるので、ここも客室と同じように与圧、空調がなされます。

■頭痛や吐き気などを引き起こす「オゾン」への対応

機内で問題になるものにオゾンがあります。特に極圏に近い高緯度のルートではオゾンの濃度が高くなります。

オゾンは3つの酸素原子からなる酸素の同素体で、腐食性が高く、刺激臭のある有毒の気体です。光化学スモッグの原因であることもよく知られています。

オゾンは不安定な分子なので、放っておけば酸素に変わりますが、頭痛や吐き気などを引き起こすことがあるので、長時間の高高度飛行では、**飛行高度や飛行時間に応じてオゾン濃度の許容値**が定められています。FAAの基準は、機内のオゾン濃度が許容値を超えないことを実証するよう求めています。

そのため、長時間飛ぶ飛行機は、オゾン濃度を高めないよう、**オゾンコンバータ**というものを装備しています。これは**オゾンを酸素に分解する触媒**で、空調システムの上流に置かれています。

Column ジェット旅客機内での感染は少なそう

　新型コロナウイルスが猛威を振るって人の活動が制限され、世界経済は大打撃を受けました。特に航空業界は国際路線の大多数が休止や減便に追い込まれて、甚大な損害を被りました。

　今回のような感染爆発の状況下で移動する乗客にとっては、機内環境が気になって仕方がないところですが、マスク、消毒、他の乗客との会話などに気を配れば、そう神経質になることはなさそうです。機内の空気は天井から床へ流れて3分ほどで入れ替わるし、空気を濾すHEPAフィルターは極めて高性能ですから。

　新型コロナウイルスのパンデミックに関して行われた実機実験では、ウイルスはすぐに空気循環システムやフィルター装置に吸い込まれて、乗客の周りを汚すことは起こりにくいという結論になった、とのCNNニュースも流れました。IATA（国際航空運送協会）も、乗客の追跡調査を踏まえて「感染リスクは低い」と発表したようです。ホッとする情報ですが、なお、感染のリスクをぬぐいきれないものが残るのも仕方がないのかもしれません。

　今後、同じような状況になれば、航空会社は乗客にマスク着用をまたお願いするでしょうが、そういう制約もそう長くは続かず、遠からず解除されるでしょう。

第6章

ジェット機の「燃料タンク」と「燃料」、排出する「CO_2」

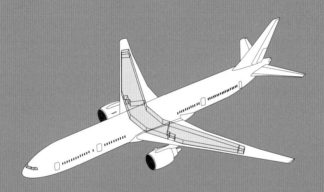

飛行機で使用される燃料にまつわる話です。第6章では燃料の規格、タンクの種類や構造、容量と搭載燃料量の計測方法などについて解説します。代表的な路線でのCO_2の排出量や、世界的なCO_2削減対策、持続可能な航空燃料（SAF）なども紹介します。

6-1 なぜ主翼に燃料を搭載するのか?

　燃料は通常、主翼の中に搭載されます。長距離路を飛ぶ飛行機は胴体内部にも、機種によってはさらに水平尾翼にも搭載するものもあります。主翼内に搭載することで、主翼にかかる上向きの曲げモーメントを軽減し（図6-1）、併せて燃料の消費に伴って生じる前後方向の重心位置の変化を最小限にできます。

　主翼内タンクは、翼構造の箱型の部分に漏れ防止のシールを施したもので、**インテグラルタンク**と呼ばれます（図6-2）。このほかに取り外し可能なタンクを搭載することもあります。一般的ではありませんが、小型機を長距離輸送する場合などには、合成繊維と合成ゴムでできた**セルタンク**と呼ばれるものが使われることがあります。

■B747-400、A380は水平尾翼にも燃料を搭載できる

　機種によって違いはあるものの、通常、主翼には左右に分かれた**メインタンク**が設置されており、旅客機の多くでは、左右のメインタンクがそれぞれ2つに区切られています（図6-3）。翼端部には**サージタンク**あ

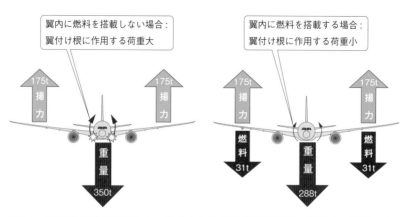

図6-1　翼内に燃料を搭載しない場合とした場合の翼付け根に作用する荷重の違い

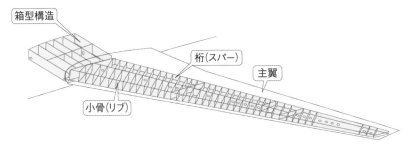

図6-2　インテグラルタンクのイメージ

るいは外気とつながった**ベントタンク**が設けられています。

　サージタンクは調圧用のタンクで、燃料は搭載されません。メインタンクの圧力が高まってあふれた燃料を一時的に溜めて、流量が過剰にならないよう調整する働きをします。ベントタンクには、外気に通じるベントホールという通気口があり、燃料タンク内の圧力と外気圧に差が出ないようにしています。あふれた燃料が機外に流れ出ないように、一時的に溜めるための空間でもあります。

　多くの機種はサージタンクとベントタンクが一体になっているようですが、A380のようにベントタンクとは別にサージタンクを内側のタンクの間に設置しているものもあります。

　長距離を飛行する機種には、一般的に胴体内の中央翼に**センタータンク**が設置されています。

　大型機ではメインタンクの外側に**リザーブタンク**（予備タンク）を備えているものもあります。翼端に近いほうに積まれた燃料をできるだけ後まで残しておくようにするのが目的です。翼の付け根にかかる負荷は搭載燃料が消費されるにしたがって、大きくなっていきます。特に燃料搭載量が多い飛行機ではそれが顕著ですから、**胴体近くの燃料が一定量消費されるまで外側の燃料を残して、翼の付け根にかかる負荷を軽減する**ために設置されています。

　機体（胴体）の重量が減れば翼付け根の負荷は軽くなるので、燃料の使用にあたっては、**センタータンクなど胴体に近いタンクに搭載されて**

図6-3　一般的な燃料タンク配置のイメージ

いる**燃料**から使っていくのが**常道**です。

　長距離を飛ぶ飛行機の中には、B747-400やA380などのように、**水平尾翼**にも搭載できるものがあります。ただ、燃料の搭載量は大きくなるものの、タンクが重心から遠く離れたところにあることから、**燃料の消費に伴って重心位置が大きく変化するという弱点**があります。

　重心位置をうまくコントロールして抵抗が少なくなるような機体姿勢をとりながら飛行すれば燃料節減にも有効ですが、これが難しいのです。しかし、コンピュータの発達で、最適な重心位置を維持しながら飛行する芸当ができるようになりました。

■A380-800はドラム缶1,600本以上の燃料を積める

　10時間を優に超える路線を運航している旅客機もありますが、その機体にはどれほどの燃料を積めるのか、代表的な旅客機のタンク容量を比べてみます（表）。機体メーカーのサイトから得た値なので、参考値として見てください。

表　機種とタンク容量

	エアバス A380-800	ボーイング B747-8	ボーイング B777-00ER	エアバス A350-1000
最大搭載 燃料重量	254 t	194 t	145.5 t	124.7 t
容量	323,500 L	242,470 L	181,300 L	164,000 L
ドラム缶換算 （200 L）	1,617.5 本	1,212.4 本	906.5 本	820 本

　いかがでしょうか？　こうして見ると、改めてその搭載量に驚かされますね。ただ、実際の運航では法的要件に基づいた量が搭載されるので、タンク一杯に搭載するケースは多くないでしょう。

●ジェット旅客機の燃料計は誤差「±1%」ほど

　飛行機は「ガス欠で、その辺に止まる」ということができないので、飛行中は常に燃料がいくら残っているのか確認する必要があります。当然、燃料計は燃料量を正確に表示することが求められます。

　その燃料量の計測は、燃料タンク内に設置されたコンデンサによって電気的に測られます。旅客機の燃料タンク内にはタンクユニットと呼ばれる数十個の棒状のコンデンサが設置されています。コンデンサは燃料に浸されると誘電率が変化するので、その性質を利用して燃料量を計測するのです。

　飛行中、機体の姿勢が大きく変化した場合でも、値を正確に示すことが求められるので、さまざまに変化するタンク角度に対して表示燃料量が確認され、補正されます。その精度は「±1%ほど」といわれ、燃料計に表示された値は非常に正確です。

■計測原理がまったく異なる燃料量計測システム

　現在、パーカーハネフィン社という会社がケイ素ベースの光学的計測システムを開発しているそうです。タンク内の圧力をもとに燃料量を計

測するもので、電磁波の影響を免れ、センサーの数も大幅に減らせるそうです。実用化は2020年代半ばとされていますが、興味深い話です。

6-2 旅客機はどんな燃料を使うのか？

■旅客機の燃料はケロシン系

　ジェットエンジンに使われる燃料には、大きく分けて2つのタイプがあります。灯油から水分を除いて品質を高めた**ケロシン系**、および灯油とナフサ（ガソリン）を混合した**ガソリン系**です。旅客機には引火点がより高いケロシン系が使われます。

　民間航空で使われるケロシン系の燃料には**JET A**と**JET A-1**があります。双方は実質、同じものですが、JET A-1の析出点が少し低くなっています。現在は主にJET A-1が使われています。ケロシン系には軍用のJP-5、JP-8などもあります。

　ガソリン系はワイドカットタイプとも呼ばれ、**JET B**や軍用の**JP-4**などがあります。ケロシン系に比べて発火点が低く、取り扱いが難しいものの、安価なので主に軍用機に使用されていましたが、現在はより安全性の高いケロシン系に代わっているようです。

　なおピストンエンジンには、ナフサ（ガソリン）を精製した**航空用ガソリン**が用いられます。アブガス（Avgas：aviation gasoline）と呼ばれ、普通のガソリンに比べて、アンチノック性や耐寒性などが高められています。図6-4に、石油の精製方法のイメージを示します。ガソリン/ナフサと灯油/ケロシンの**揮発のしやすさの違い**が見られます。

■化石燃料に「バイオ燃料」（植物由来の燃料）を混ぜて使用

　近年、飛行機のエンジンの排気ガスが地球環境に与える悪影響が問題になってきました。化石燃料が排出するCO_2（二酸化炭素）がその大きな

要因で、排出削減が喫緊の課題となり、世界的な議論や活動が活発になっています。2019年にはICAOを中心に、本格的な使用燃料削減への取り組みもスタートしました。

いろいろな対策が俎上にのぼっていますが、**化石燃料に代わる燃料の使用はそれらの中核になる**と思われます。

代替燃料については、以前からバイオ燃料などさまざまな研究や開発が進められ、航空会社も化石燃料と混ぜて使うようになっています。

●**バイオ燃料は量の確保が大きな課題**

バイオ燃料は、カーボンニュートラルだといわれています。植物が成長するとき、光合成により大気中のCO_2を取り込むので、植物を燃やしてCO_2を発生させても、それはもともと空気中に存在したものだから大気中のCO_2の量は変化しない——中立（ニュートラル）だ、という考え方です。

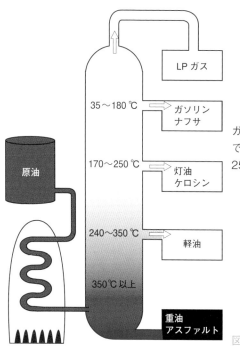

ガソリンやナフサは35〜180℃で揮発、灯油やケロシンは170〜250℃で揮発する

図6-4 常圧蒸留装置のイメージ

バイオ燃料は必ずしもカーボンニュートラルではないという研究報告（米国ミシガン大学エネルギー研究所）もありますが、カーボンニュートラルに異を唱える向きは少ないようです。

　これまで藻（ミドリムシ、学名ユーグレナ）、ジャトロファ（ナンヨウアブラギリ）、カメリナ（アブラナ科の植物）、トウモロコシ、サトウキビなどを材料とした、バイオ燃料の研究や開発が世界中で進められてきており、日本でもユーグレナの名を冠した会社などが開発を進めています。

　バイオ燃料にはコストの問題もありますが、やはり**量の確保の問題**が大きそうです。燃料用作物を使うものでは、作付面積が拡大するにしたがって、農地との棲み分けに軋轢が生じることも考えられます。

●**製鉄所の排ガスや水に溶かしたCO_2からエタノールを製造**

　バイオ燃料以外にも、さまざまな研究がなされています。使用済み食用油や植物油などから製造されるものや、都市ゴミや廃材などから製造されるものなどは最近よく耳にするようになりました。製鉄所の排ガスからエタノールを製造する技術を確立した企業も出てきました。

　また、米テネシー州のオークリッジ国立研究所が、**CO_2から非常に簡単にエタノールを生成する方法を発見した**というニュースが流れました。CO_2を溶かし込んだ水を63%のエタノールに変換できるそうです。この方法が低コストで使えるようになれば、**空気中にあるCO_2を直接取り込める**ので**画期的**な対策になります。その後、東大発ベンチャーの

Column	## ドラマの「あり得ない設定」に びっくり！

　先日、刑事物のドラマを見ていたら、「自衛隊のJP-4燃料を、民間の航空会社に横流しする」という話が出てきました。「えっ？ JP-4は民間では使いませんよ」と突っ込みを入れたくなりました（脚本家は、わかった上で作っているとは思いますが……）。

CO_2資源化研究所が、別の方法でエタノール製造の特許を取ったという情報もあります。

アンモニアや水素もクローズアップされてきており、つい最近、政府主導で水素を保管、貯蔵、供給するための空港インフラ整備の検討を始めるというニュースが流れました。また、EUでは自動車にCO_2と水素からできた合成燃料を使うことを認めたという話もあり、近々、飛行機の燃料としても注目されてくるでしょう。新しい燃料の開発競争が、これからヒートアップしていくようです。

●持続可能な航空燃料（SAF：Sustainable Aviation Fuel）を使う

最近、航空燃料用の代替燃料に統一基準ができました。「ICAOが指定する機関が認めた代替燃料のみを、CO_2排出削減対策用として使用を認める」というもので、SAFと呼ばれます。

航空会社は代替燃料を使用するに当たって、すでにSAFとして認められている燃料を使用する必要があります。新たな代替燃料を使用する場合は、それがSAFとして認められる旨の認証機関のお墨付きを得なければなりません。

■実際の運航で使う燃料消費量と環境への影響

ここで、実際の運航ではどの程度の燃料を使うのか、CO_2をどれほど出すのか、少し見てみます。

●成田⇒ニューヨークの燃料消費量は約100 t、排出CO_2は約315 t

図6-5に代表的な機種、路線の燃料消費量とCO_2排出量の推測値を示します。算定にはICAOの燃料消費量算定用簡易ツールであるCERTを使いました。

このツールは大圏距離をもとに簡易化したもので、路線の実距離、飛行高度や速度、気象条件など、消費燃料に影響を与える要因は必ずしも反映されていませんが、大体の値は把握できます。

ICAOのデータによるとJet A/Jet A-1のCO_2排出量は、消費量の3.16倍となっています。たった1便でこれだけの燃料が消費され、CO_2が排出されているわけですから、地球環境への影響が取りざたされるのも仕

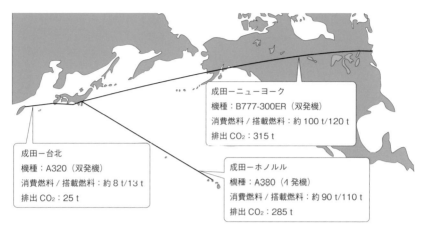

図6-5　代表的な機種、路線の燃料消費量とCO₂排出量の推測値

方がありません。対策が急がれる所以です。

■さまざまな要因で燃料消費量は変わる

　先に触れましたが、燃料消費量は路線の距離、飛行高度や速度、風や気温などの気象状況、運航する機種や運航重量など、さまざまな要因で変わります。要因のいくつかについて、その影響を見てみます。

●重量が増えると、燃料消費量も40％強増える

　機体が重ければ消費燃料が増えることは容易に理解できますが、具体的にはどれほどでしょうか？　追加重量に対する燃料消費量増加に関するデータがFAAの資料に示されていたので、それを利用してB777-300について見てみます。

　B777-300の場合、運航距離5,000 nm（海里、約9,260 km）では、増えた重量の40％強の燃料消費量増があるとされています。例えば100 kgの重量増があれば、羽田－ニューヨーク間（距離約5,900 nm、約10,900 km）では、その半分の50 kg近く、燃料の消費量が増えそうです。

　その割合は運航距離が短くなれば小さくなり、東南アジアがイメージされる運航距離2,000 nm（約3,700 km）では、燃料消費量増は15％弱になるようです。

いうまでもありませんが、機体重量を軽くできれば、それに応じて燃料消費量も減るので、機体はその分、さらに軽くなります。

● 追い風なら燃料消費は「減」、向かい風なら「増」

飛行機の燃料消費量は風にも左右されます。追い風に乗れば、当然、目的地までの飛行時間が短くなって燃料消費は少なくなり、向かい風なら時間がかかって燃料消費は増えます。

燃料消費量については、風がある場合とない場合の関係を次のように整理できます。上昇や降下の影響などを無視して単純化しています。機速は巡航時の速度です。

$$\frac{風がある場合の燃料消費量}{風がない場合の燃料消費量} = \frac{機速}{機速 \pm 風速}$$

（＋は追い風、－は向かい風）

例えば機速を900 km/時、平均風速を30 km/時とすると、追い風の場合は0.968、向かい風の場合は1.034となり、3％程度の燃料消費量の増減があります。仮定した機速と風速の割合の3.3％とほぼ合致しています。大ざっぱな話ですが、風がある場合の消費量は、風速の機速に対する割合と同程度に増えたり、減ったりするということがいえそうです。もちろん、実運航はそう単純ではありませんが、イメージとしてはこんなものでしょう。

● 冬の日本上空のジェット気流は新幹線並みの速さのことも

実運航で遭遇する風の強さも推定してみました。想定したのは特に強く偏西風の影響を受ける日本－米国間のルートです。ある航空会社の2019年、2020年の時刻表では、羽田からニューヨークに向かう場合、

夏場は、行き約12時間55分、帰り約14時間00分
冬場は、行き約12時間40分、帰り約14時間15分

となっています（航空会社によって多少違います）。

大圏距離、約10900 kmを運航時間で割ると、対地速度は夏場の往路が平均時速845 km弱、復路は780 km弱で、その差からルート全体の平均風速は約33 km/時になります。

　一方、冬場の対地速度は往路が時速860 km強、復路は時速765 km弱で、全体の平均風速は約48 km/時になりますから、**冬場は夏場より15 km/時ほど、強い西風が吹いている**ことが推測されます。

　これらの値は日本－米国間の風速の平均値ですが、実際には強く吹くところと、それほどでもないところがあります。

　よく知られた話ですが、冬場の日本上空は強烈なジェット気流が流れており、その速度は新幹線並みに達することもあるといいます。

　そのジェット気流に比べて平均風速がだいぶ小さいことを見ると、**日本の近くに強風域があって、日本から離れれば風は弱まる**ことがイメージできます。夏の北米大陸上空、冬の北米東方沖上空にもそういう領域があるそうで、強いところでは100 m/秒（時速360 km）に達することもあるそうです。

Column 民間旅客機が「速度記録」？

　旅客機は軍用機ではないので、普通は速度の記録などが話題になることはありませんが、2020年2月、発達した低気圧の影響でジェット気流が強まり、米国から欧州に向かった旅客機によって最短飛行時間が記録されたそうです。

　飛行機そのものの速度が速くなったわけではないので速度計の表示は変わりませんが、地上から見れば速く飛んでいます。対地速度で時速1200 kmを超えていたそうですから、そのときのジェット気流の速度は、時速400 km近くになっていたと推測されます。冬場、ジェット気流が強く吹くという北米東方沖を通るルートでの話ですが、この年は派手に吹き荒れたようです。

6-3 飛行機が排出するCO₂の量は意外に多い

最近、台風、大雨、洪水など、大規模な災害にたびたび見舞われ、地球温暖化の影響が現実味を帯びて感じられるようになりました。CO_2はその大きな要因とされています。

先述の通り、飛行機が排出するCO_2の量は多く、**飛び恥**などと非難の的にもなって、肩身の狭い思いを強いられています。脱炭素化への対応を急がなければなりません。

■「2050年まで、燃料効率を毎年2％改善せよ」（ICAO）

高空で大量のCO_2を排出する飛行機の影響は、以前からICAOでも問題視されてはいましたが、代替手段がなかったのか、経営に与える影響が大きすぎると思われたのか、実質的な対応はしばらく猶予された状態でした。

その後、地球温暖化に対する世論が高まり、代替燃料の開発など取り巻く状況も改善して、機が熟したのでしょう。2019年、使用燃料削減への国際的な取り組みがスタートしました。

具体的には、2050年まで、**燃料効率を毎年2％改善**することと、2020年以降、温室効果ガスの排出を増加させないことを決め、**CORSIA**※という仕組みを導入して、**国際線を運航する航空会社が排出する排気ガス量をモニターし、国や航空会社に対して改善努力を促す**ことにしたのです。

航空会社は新技術の導入、運航方式の改善、あるいは代替燃料の活用など、CO_2排出削減に努めなければなりません。

CO_2排出を減らせなかった航空会社は、それに見合う分の**排出権（カーボンクレジット）**を購入しなければなりません。早い話、金を払わされることになるのです。その額は会社の規模にもよりますが、数億から数十億円になる可能性もあるといわれています。

図6-6からイメージできるように、CO_2排出削減対策の中で、**代替燃**

※：Carbon Offsetting and Reduction Scheme for International Aviation

料（SAF）の活用には大きな効果が期待されています。航空会社はすでに代替燃料の使用を加速させつつあり、その勢いはいよいよ増していくでしょう。

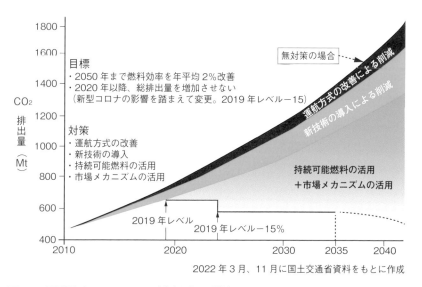

図6-6　国際航空におけるCO_2削減目標と対策イメージ　　　　参考：国土交通省資料

■運航方式の改善でCO_2の排出を削減

　ICAOは、CO_2排出削減対策の目標を達成するため、運航面の対策として次のような改善策を掲げて各国の対応を促しています。

・継続降下（CDO）/継続上昇（CCO）

・衛星などを利用した効率的な航路の飛行

●継続降下運航方式（CDO：Continuous Descent Operation）

　従来の階段状の降下では、降下と水平飛行を数回繰り返し、そのたびにアイドル状態に絞っていたエンジンの出力を上げるので、消費燃料も騒音も当然、増えます。もし、水平飛行する必要がなければ、低い推力のまま進入できて、燃料の節減や騒音の軽減になります。しかし、これ

には**安全上の課題**がありました。

　従来は、滑走路に向かって階段状に降りるのが基本でした（図6-7）。巡航高度から着陸まで、推力を絞ったまま連続的にまっすぐに降りていければ、燃料消費が少なく効率が良いのですが、**風の影響などもあって、高高度から直線的に滑走路に向かうのは難しく、間違えば近傍の山など
に接近しかねません。**管制上も、**軌道の予測や間隔維持などが難しくな
ります。**これが、先述した安全上の課題です。

　そこで、降下の途中で一旦止めて、安全の確認、管制間隔の確認などを行う方式がとられます。地形に対して余裕を持って設定された安全高度で降下を止め、その高度で水平飛行し、対象の地形を過ぎたことが確認できる地点で再度降下を開始するのです。降下を再開する地点はあらかじめ定められています。階段が複数になることもあります。

　近年は空港設備や飛行機搭載機器類の改善が進み、**継続降下（CDO）運航方式**（図6-7）が可能になったことから、数年間の試行を経て運用が始まりました。日本では関西空港で2013年に正式運用が始まり、那覇空港や鹿児島空港など他の空港にも徐々に広げられています。

●**継続上昇運航方式（CCO：Continuous Climb Operation）**

　現在は高度10,000 ft（約3,000 m）付近で、それまでの制限速度（250 kt、約463 km/h）から上昇速度まで加速した後、上昇していますが、この**加速の段階を巡航高度まで引き上げて、そこで一気に巡航速度まで加速し**ようとするのが**継続上昇（CCO）運航方式**です（図6-8）。

　燃料消費が大きい低高度での加速に代えて、燃料消費が小さい高高度で加速して燃料消費を減らすのが目的ですが、降下してくる到着機との間隔確保など、**管制上の問題が大きな課題**になっており、まだ日の目を見ていません。国土交通省の資料によれば、国内空港への導入は2026年ごろになるそうです。

●**衛星などを使用して効率的な航路を飛行する**

　40年以上前から飛行機は、目標とする場所まで直行できるFMS（飛行管理用機上コンピュータ）などの自動航法装置を搭載するようになりました。これにより任意の経路を飛行できるようになり、**無線施設の情**

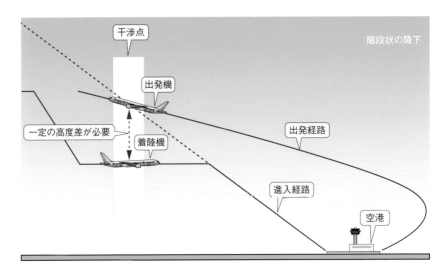

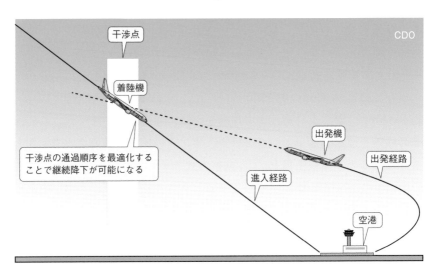

図6-7　継続降下運航方式（CDO：Continuous Descent Operation）

報は必要とするものの、その位置には左右されない経路設定ができるようになったのです。この運航方式がRNAV航法（エリアナビゲーション、広域航法）です（図6-9）。

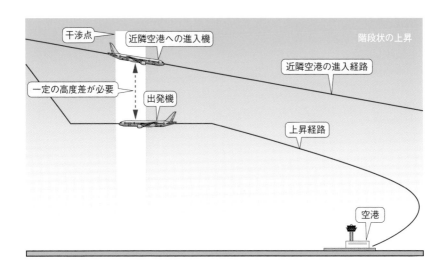

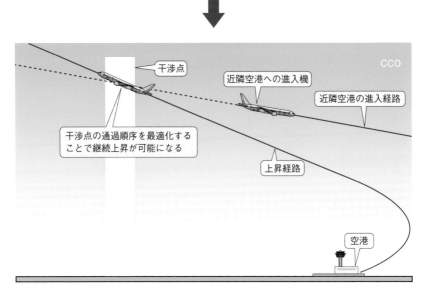

図6-8　継続上昇運航方式（CCO：Continuous Climb Operation）

　RNAV航法に対応するように航空路も整備され、飛行距離の短縮や遅延の低減などに寄与しています。燃料（CO_2）も当然、削減されています。

　最近の飛行機は人工衛星（GPSやGNSSなど）を利用して、さらに精度

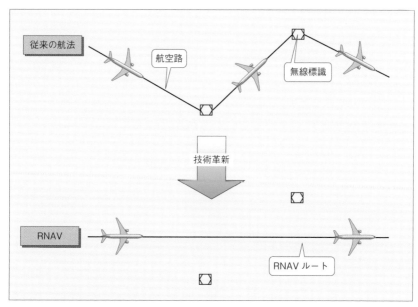

図6-9　従来の航法とRNAV航法の違い

の高い位置情報を得ながら飛行できるようになってきたので、一層、効率の良い飛行ができるよう、航法の改善が進められています。

■実現した「将来航空航法システム（FANS）」構想

1980年代に**将来航空航法システム**（Future Air Navigation System：FANS）という、航法の将来構想がありました。通信、航法および監視にそれぞれ通信衛星、航法衛星、自動位置情報伝送・監視システムなどの新技術を導入して行う、極めて精度の高い航法です。

飛行機の間隔を狭めて、混雑する官制を緩和し、より多くの交通量を確保しようというものです。RNAVもその一環です。

当時は将来の航法でしたが、今や現実のものとなりつつあり、現在は通信（Communication）、航法（Navigation）、監視（Surveillance）、航空交通管理（Air Traffic Management）の頭文字をとって**CNS/ATM構想**と呼ばれています。

■「水素航空機」でCO_2を削減する？

ICAOのCO_2削減対策で示されている「新技術の導入」もさまざまな対策が検討されています。宇宙航空研究開発機構（以下JAXA）の資料によれば、次のような項目が、中長期的な検討課題として挙げられています。

・エンジンの高性能化（超高バイパス比、軽量化、高温高効率化など）
・機体の性能向上（空力性能の向上、軽量化）
・電動ファンとジェットエンジンのハイブリッドシステムの開発
・水素航空機の開発
・航空交通量の増大に備えた次世代航空交通システムの開発など

新技術については、さまざまな課題、難題をクリアーする必要があり、時間軸の長い取り組みが必要になると思われます。

■「排出権を買う」という「裏技」はアリか？

2030年代中ごろまでの期限付きですが、ICAOの対策の一つとして挙げられているので少し触れておきます。先述の通り、航空会社は運航方式の改善や代替燃料の活用などで技術的な対応を図りますが、ICAOが求める削減量を達成できなければ、それに見合う分、**排出権（カーボンクレジット）を買って埋め合わせ**することが求められます。早い話、「金で解決を」と迫られるわけです。

CO_2の排出権を購入して対応するのは、地球上のCO_2の削減という課題からすると筋が違う気もしますが、航空会社の尻を叩く鞭にはなるということでしょう。この手段はあくまでも、求められるCO_2削減量を、他の技術的な手段で達成しきれないときの補完であるべきでしょう。

●航空界の動き

2023年8月1日、ANAが1PointFiveという米国の企業からDAC（Direct Air Capture）技術※由来のクレジット調達契約を締結したというニュースが流れました。「航空会社では世界初」だそうですが、ほかの航空会社にも徐々に広がっていきそうです。

排出権（カーボンクレジット）として取引されているのは、企業などがCO_2を「大気から除去した分」か「大気への排出を削減した分」になり

※：大気中のCO_2を直接回収する技術

ますが、ANAが購入するものは、DACと呼ばれる、大気中のCO_2を直接回収する技術で得られるクレジットです。大気からCO_2を回収する方法は、森林など自然を利用する方法や科学的に直接取り込む方法など、いろいろあるようです。

Column 「サメ肌」で空気抵抗を減らす！

　機体表面をサメ肌のようにザラザラにすれば、摩擦抵抗を減らせます。1970年代にNASAが開発し、世界的に研究されています。最近のCO_2削減の動きの中でよく耳にするようになりました。

　具体的には、機体表面にリブレットという高さ0.05 mm、間隔0.1 mm程度の溝を、気流と平行に設ける方法が検討されているようです（図6-10）。

　JAXAも、溝の形状の改善検討や施工方法の検討、実機を使って効果を検証するなどしています。機体全体への施工で2%の摩擦抵抗低減を見込んでいるとのことです。

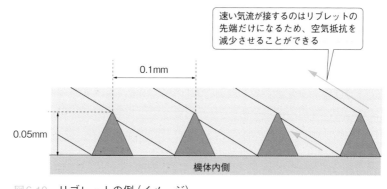

速い気流が接するのはリブレットの先端だけになるため、空気抵抗を減少させることができる

0.1mm

0.05mm

機体内側

図6-10　リブレットの例（イメージ）

トイレと乗客が引き起こす
トラブル

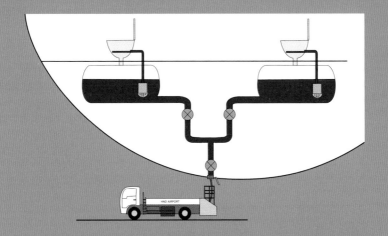

尿意、便意は生理現象なので、トイレの装備は飛行機に欠かせません。第7章ではトイレのシステムを解説します。トイレにまつわるトラブルは、長距離を飛行する飛行機にとって運航を左右する大問題になりかねません。トイレは、乗客が織りなすさまざまなドラマの舞台でもあります。乗客たちが繰り広げるトラブルや珍事件なども紹介します。

7-1 トイレのないジェット旅客機はありえない

　本田技研工業の子会社が開発したホンダジェットというビジネスジェットが売れているそうです。乗員乗客を合わせて最大8名の小型機です。値段は5億円を優に超えるようです。かっこよく、速度が速く、燃料消費効率も高いと3拍子そろった飛行機なので人気が高く、メディアによれば競合機を圧倒しているとのことです。

　化粧室が装備されていることも魅力を後押ししているようで、ホンダジェットを紹介するウェブサイトでは「トイレ」の文字が躍っています。

　通常、このような小型機の場合、機内スペースの関係から本格的なトイレを装備しにくいのですが、ホンダジェットは**独特のエンジン配置が功を奏して広いスペースを確保でき、ちゃんとした扉があって密室になる**、いわゆる化粧室が装備されたのです。高級感が漂いメイク直しもできるそうですから、女性には大人気でしょう。女性に人気があるものは売れます。トイレは大事です。

■トイレの種類は大きく分けて2種類

　旅客機のトイレはどういう仕組みになっているのでしょうか？

　大昔は機外に放出したりしていたようですが、その後、取り外しができるタンクに溜めるくみ取り式になり、今はタンクが固定されて、そこに溜まったものは目的地到着後、機外に設けられた取り出し口から抜き取ります。小さな飛行機には、未だにくみ取り式というものもあるようですが……。

　現代の旅客機のトイレには大きく分けて**循環式**と**真空式（バキューム式）**があります。

●青い洗浄水の「循環式トイレ」

　あまり見ることもなくなりましたが、1世代前のB747などに設置されていました。各便器の直下に汚物タンクが設置され、**タンク内の水を濾**

過・循環させて便器を洗浄する方式のトイレです（図7-1）。フラッシュ
ボタンを押すとモーターの働きで消毒された青い水が流れて、汚物を押
し流す仕組みです。ご記憶の方もおられるでしょう。

　この方式はタンクの水を循環させて再利用するので、長時間使うと客
室乗務員が投入する汚物処理剤の効果も落ち、真っ青だった洗浄水は
濁って汚れた緑になり、においも漂うようになります。ただ、トイレ一
つ一つが独立していますから、後述の真空式のように、複数のトイレが
同時に使えなくなることはありません。

●コップ1杯の水で洗える「真空式（バキューム式）トイレ」

　最近の飛行機ではこの方式のトイレが一般的になってきました（図
7-2）。各便器の下にあった汚物タンクは、機体後方に設置された1個ま
たは数個の集合タンクにまとめられ、各便器とはパイプによってつなが
れています。新幹線などにも採用されています。

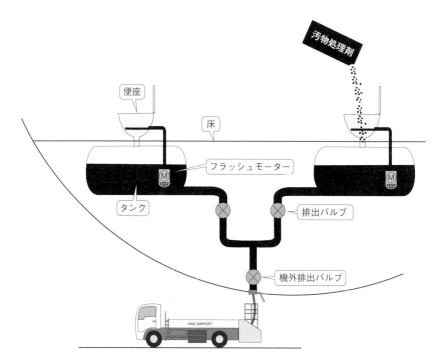

図7-1　循環式トイレの仕組みのイメージ

この方式では、フラッシュボタンが押されると、外気とタンクをつなぐ真空調節用バルブが開いて、タンク内の圧力が一気に外気圧まで下がります。客室との間にできた差圧によってフラッシュバルブが開き、水タンクから供給される少量の水と一緒に、汚物は集合タンクに勢いよく吸い込まれます。バキューム式といわれる理由です。機内外の差圧が小さい低高度や地上では、バキュームブロワーというもので差圧を作り出すので、上空と同じように使用できます。

洗浄に使う水の量は、コップ1杯（200cc）ほどです。吸い込む力が強く少量の水で高い汚物処理能力が得られるので、搭載する水の量を減らせます。**重量を減らしたい飛行機にとっては好都合**です。汚物と一緒に周りの空気も吸い込むので、においの心配もなくなり、快適な機内環境になりました。

しかし、複数の便器が同じパイプにつながっているので、パイプの根元が詰まると、それにつながる他のトイレにも影響を及ぼす可能性があ

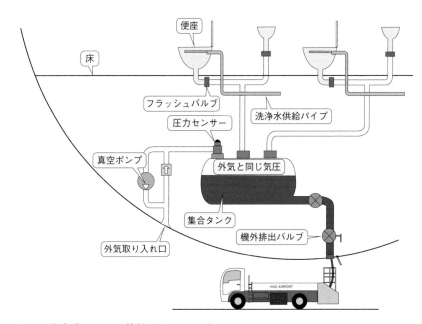

図7-2　真空式トイレの仕組みのイメージ

るのが欠点です。トイレが何か所も詰まれば大変です。運航を中断することにもなるでしょう。現実にそういう事例は少なくありません。この方式は、B767あたりから採用され始めたので、40年ほどの歴史です。

■ジェット旅客機に「ウォシュレット」が付いた！

日本の航空会社のボーイングB777やB787などには、TOTO製の温水洗浄トイレ「ウォシュレット」が付いている**機体**があります。2011年11月にANAが、2012年4月に日本航空（JAL）が導入しました。

スペースや搭載できる水に限りがある飛行機では、これまで洗浄便座を備えるのは難しかったのですが、そうした「常識」を日本の技術者たちが頑張って覆しました。トイレメーカーのTOTO、洗面室ユニットを製造するジャムコ、それに先の航空2社を加えた日本チームの粘り強い努力が功を奏しました。

ただ、温水洗浄トイレの文化はほとんど日本限定という状況ですから、広く世界の旅客機にこのトイレが装備されるようになるかどうかは疑問です。装備されるとしても当分先の話でしょう。

7-2 乗客たちが起こした いろいろなトラブル

トイレにまつわる人間くさい話もあります。ICAOの2019年の統計によると、世界中では1日に1100万を超える人が飛行機で移動しているそうです。生い立ちや生活環境が異なる人たちがそれだけ移動すれば、いろいろなことが起きるのは必定でしょう。

■トイレを詰まらせる「トホホ」な人たち

トイレが故障して出発空港まで引き返したり、途中の空港に着陸したりして運航が阻害されることがあります。機械の故障もありますが、乗

客が誤って物を落としたり、捨ててはいけないものを捨てたりしたものが詰まって故障することが少なくありません。

　詰まるものはオムツ、タオル、靴下、手袋、薬瓶などいろいろです。便器にオムツを流す人も結構いるようで、ある客室乗務員さんは「真空便器からオムツを取り戻すのに奮闘した」ことをブログに載せていました。オムツは便器に流すのではなく、側にあるゴミ箱に入れましょう。

　アジアのある国の航空会社は、**便器が頻繁に詰まるのに閉口している**そうです。機内で提供されたブランケットや枕、室内履きなどを投げ込む人たちがいるというのです。トイレについての考え方が違うのでしょうか？　しかし、これに驚いてはいけません。もっとすごい「えーっ！」というものがあります。

■トイレを使わない困った人たち

　「我慢してトイレに行かない」のではありません。トイレの外、座席や通路、あるいは非常口の側で子供に用を足させる人たちがいるのです。信じがたいのですが、「大きいほう」の話です。

　恐ろしいことに、筆者が知るだけで3件もありました。あるときは座席の上に新聞紙を敷いて、またあるときは非常口手前の広いところに新聞紙を敷いてさせました。座席通路に直接させた例もあります。

　最初の事例では、保護者が周囲の乗客や客室乗務員の制止をはねつけて初志を貫きました。当然ですが、辺りには強烈な臭気が漂いました。

　2番目の例では女性2人が付き添っていて、「トイレは3人で入るのには小さすぎる」とほざいたそうです。

　3番目の例では座席部分にも被害が及んだということです。どれも保護者の問題です。「育ちがわかる」とはこのことでしょうか。

　ある航空会社の職員が「子供がシートで排便するのを禁じる法律はないので止められない」と言ったとか言わなかったとか……。

　放尿の話はもっと頻繁に出てきます。

　離着陸時の、トイレの使用を制限されている状況で、やむを得ず紙カップや吐袋にしたり、子供がお漏らしをしたりというのは、なんとか理解

できそうです。

　しかし、とても大目には見られないことが結構頻繁に起きています。あるときは両親の間にしゃがんだ子供の脚の間から、通路に液体が流れ出ました。このときは両親曰く「トイレは3人で入るのには小さすぎる」（どこかで聞いた話です）。

　また別の日には、祖母が前の座席との間に子供をしゃがませて排尿させたこともありました。排尿の音に続いてじわじわと漂ってくるにおいに怒った隣の乗客がSNSに上げました。

　大人の放尿もあります。多分酔っていたのでしょう。男性乗客が座席の隙間から、前に座っていた乗客に向けて放尿しました。しかもその最中にバランスを崩して後ろに倒れ、尿が辺りに飛び散りました。彼は収監されたそうです。別の例では、男性乗客が通路で下着を下ろして、他の乗客が見ている中で放尿しました。彼は掃除を命じられ、着陸後、**警察に身柄を拘束**されたそうです。ほかにもいろいろありますが、実にけしからん話です。

■便器に直接座って死にかけた乗客がいる

　これは事件です。当事者は大変な思いをしました。20年ほど前の古い話ですが、めったにないことです。この話はBBCのウェブサイトに載り、ネットも沸騰したようです。デマだったと主張するメディアが出てくるなど、真偽を疑う人もいて都市伝説になりかけました。真偽を確かめようと実際に状況再現を試みようとした人たちの報告や、その女性を診察したとおぼしき医師の報告もあります。以下に概要を紹介します。

事例

　2001年12月、米国人女性がスカンディナビアから米国ニューヨークに向かうB767の便器に吸い付けられたまま、大西洋を横断する羽目になりました。彼女は用を足した後、座ったままトイレの洗浄ボタンを押したそうです。運悪くB767のトイレは当時、最新式のバキューム式トイレ（真空トイレ）で、真空洗浄の高圧が彼女を便器に吸い付けてしま

いました。彼女は立ち上がれず、客室乗務員に助けを求めたものの、どうにもならず着陸後にエンジニアが呼ばれるまで、吸い付けられたままになっていたということです。数時間そのままだったようで、難儀なことでした。

調査官の報告書

　事例発生から5年ほど後、当時、調査を担当したと思われる調査官の報告書が医学雑誌『Journal of Travel Medicine』に掲載されました。これによると、その女性は重大な傷害を受けたそうです。**ある特殊な条件のもとでは、真空トイレの使い方を間違えると大けがしかねないこと**を示しています（普通に使っていれば問題ありません）。

　報告書によれば、同様の事例がクルーズ客船でも起きていたようです。以下は報告内容のさわりです。

　「**便座が立っていたのに、構わず直接便器に座ったこと、座ったまま洗浄ボタンを押したことが強い密閉を生じさせていた**のかもしれない」

　「消費者は、設計者が想像もしなかった使い方をする」という話がありますが、便器に直接座る人がいるとは驚きです。

■便座の形は事件と関係がある？

　この事件の後、「便座の形が悪かった（O型だった）」「U型に改修したから問題は解決した」とネットで述べた人もいましたが、形は関係なかったようです。筆者は便座の形でそんなことが起きるのか疑問で、ずっとモヤモヤしていましたが、便器に直接座ったという報告内容を見て、胸のつかえが取れました。

　なお『NIKKEI STYLE』というサイトに「O型は男性の下腹部が当たるので、それを避けるため切り欠きを作ったのがU型の由来だ」という記事がありました。真偽のほどはわかりませんが、妙に納得してしまいました。ただ、O型のサイズが大きくなってきたので、今ではU型はほとんど使われなくなったそうです（図7-3）。

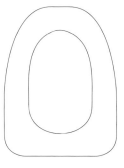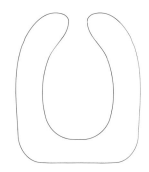

図7-3　O型とU型

■熱心な真理の追究者たち

　世の中にはいろいろな人たちがいるものです。事件発生から1年後、暇な人たち、いや真理の追究に熱心な人たち（米国のケーブルテレビDiscovery Channelのプロデューサーたちらしい）が真偽のほどをはっきりさせるため、臀部の模型を作り、そのシーンの再現を試みて、その様子を放映したようです。残念ながら筆者がそれを知ったときはすでに相当時間が経っていたので、その映像にはたどり着けませんでしたが、実験で機内の状況を再現するのは難しかったのではないでしょうか？

ジェット機の
降雨、降雪、凍結対策

　ジェット旅客機の運航は、上昇中や降下中に視界をさえぎる雨滴や雪、翼にへばりついて揚力を低下させる氷、地上では滑走路の摩擦を減らす雪や氷などの自然現象に大きな影響を受けます。これらの現象に対して、さまざまな対策がとられています。第8章では、降雨、降雪、凍結などに対応するシステムや、冬場の自然現象との戦いを解説します。

8-1 ワイパー一つ故障しても出発できない

　雨や雪は、何かとうっとうしいものです。飛行中は視界を妨げたり、離着陸距離を延ばしたりして、運航関係者に難儀をかける厄介なものです。一番大きな問題は、飛行中の視界の確保です。雨や雪によって、進行方向や周りの状況を把握できなくなれば大変です。

　そのため、降雨(降雪)時に視界を確保するためのシステムが用意されています。ただ、これらが必要になるのは地上走行時や離着陸時、あるいは上昇時や進入時のように**低高度を飛行する**ときです。通常、雨や雪が降らない高高度で必要とされることはまずありません。

　視界を保つための代表的なシステムは次の4種類です。

①**ウィンドウワイパー**：これが基本です。
②**操縦室窓への撥水剤の吹き付け(レインリペレント)**：ウィンドウワイパーを補完するものです。必要時に吹き付けます。使用しない航空会社もあります。
③**操縦室窓のコーティング**：撥水剤と同じく、ウィンドウワイパーを補完します。
④**高圧空気の吹き付け(レインリムーバー)**：エンジンの抽気を吹き付けて雨滴を吹き飛ばすものです。過去にはウィンドウワイパーに代わるものとして前世代のダグラスDC-8型機に装備されていましたが、現在、使われている機種はありません。機能もいま一つだったようで、過去のものになっています。

①ウィンドウワイパー

　大抵の飛行機には、自動車と同じようなウィンドウワイパー(以下ワイパー)が装備されています。機能も構造も自動車のものと同じですが、**強い風圧に耐えるよう頑丈な作り**になっています。

　以前は油圧モーターや高圧空気で駆動するものもありましたが、今は電動モーターで駆動します。機長側のワイパーと副操縦士側のワイパーは独立して作動します。高速、低速の切り替えができ、最近の飛行機では小雨用にインターミッテント（断続的）機能も付いています。

　ワイパーが使えなければ、ちょっとした雨でも前方の視界が利かなくなることがあるので、雨の日や雨が予想されるときには、ワイパーが故障したまま出発することは認められていません。運用許容基準という規程に定められています。**飛行機はワイパー一つ故障しただけで、飛べないことがあるのです。**飛んでいる最中に故障した場合は、故障していないほうの操縦士が操縦します。両方のワイパーが同時に故障する確率は極めて低いので、まずは大丈夫でしょう。

②操縦室窓への撥水剤の吹き付け（レインリペレント）

　ガラスに付いた雨粒は通常、膜状になります。風の影響もあり、その膜の厚さは乱れて均一にはならないので、良好な視界は得られません。基本的にはワイパーだけで視界の確保ができますが、激しい降雨時には十分ではないこともあります。

　そこで、ワイパーを補完するものとして、**撥水剤を窓ガラスへ吹き付けて雨滴をはじく方法**が採用されています。**レインリペレント**といいますが、特に雨が強くて視界が遮られるときに使用されます（図8-1）。後述の窓ガラス表面にコーティングする方法と組み合わせて使われることもあります。

　ワイパーは膜状になった雨を機械的にはじき飛ばしますが、撥水剤やコーティングは、**雨粒を玉状にしてガラスに付着するのを防ぎ、視界を確保します。雨粒とガラスの接触角（水滴接触角）を大きくして、雨粒がガラスに留まりにくくするのです**（図8-2）。

　以前は「レインボー」という商品名のレインリペレントがよく使用されました。このレインリペレントは、乾いた窓ガラスに吹き付けるとベッタリとへばりついたり、噴出ノズルが詰まったりして整備士を手こずらせる欠点がありましたが、その効果は劇的でした。ただ、レインボーには致命的な欠陥がありました。**オゾン層を壊すクロロフルオロカーボン（CFC）を含んでいたのです。**環境問題がクローズアップされるよう

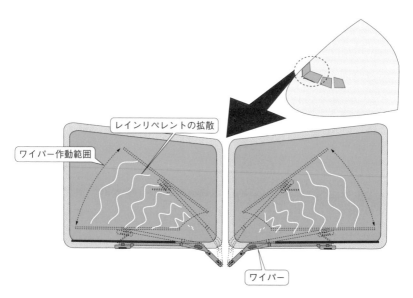

レインリペレントの拡散

ワイパー作動範囲

ワイパー

図8-1　ワイパーとレインリペレントの拡散（イメージ）

になり、オゾン層保護のためのウィーン条約/モントリオール議定書の
発効を受け、使われなくなりました。

　その後、CFCを含まないレインリペレントが出てきたので、多くの
航空会社はレインボーに代えて使っているようですが、一方でレインリ
ペレントそのものの使用を止めた航空会社もあります。飛行機メーカー
自身が使用に消極的になったという情報もありました。

　レインリペレントは、**前が見えないような強い雨でも、この液体をショッ
トすると瞬時に窓に広がり、雨をはじいて視界が開ける**のですが、一時
的なコーティングなので、強雨が続けばその都度ショットする必要があり
ます。

③操縦室窓のコーティング

　最近は、雨をはじくコーティングを自動車の窓ガラスに施すことも一般
的ですが、多くの飛行機にもコーティングが施されています。**ハイドロ
フォービックコーティング**と呼ばれます。飛行機のコーティングは、自動
車のように薬剤を塗るのではなく、焼き付ける方法が採られています。

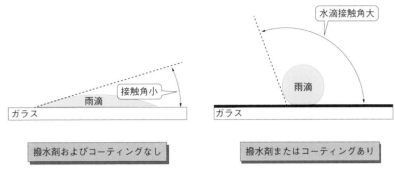

水滴接触角大

接触角小

雨滴

ガラス

雨滴

ガラス

撥水剤およびコーティングなし

撥水剤またはコーティングあり

図8-2 撥水剤やコーティングの原理

ただ、紫外線や火山灰、あるいは空中に漂うほこりなどによる傷、ワイパーによる擦れ、はたまたオイルや除雪氷剤による化学的な影響など、品質を劣化させる要因は少なくありません。それらにさらされながら良好な状態を維持するのは難しく、コーティングの寿命は2年ほどです。

8-2 主翼前縁に厚さ1.3 cmの氷が付くだけで揚力が半分に！

　飛行中、機体に氷が付着したり、凍結したりするのも怖いものです。

　雲や霧など、目に見えるほどに大きくなった水分が空中に漂っていれば、気温が下ったときには通常、それは凍ります。しかし、空気の乱れがない場合は氷点下になっても凍らず、いわゆる**過冷却水滴**として漂うことがあります。

　そこに飛行機が侵入してくれば、過冷却水滴は瞬時に凍って機体に付着し、放っておけば氷はどんどん蓄積され、飛行に影響を与えるようになります。すぐに対応しなければなりません。

　氷がエンジンの入り口や内部に付着すれば**推力の低下**を招き、ピトー

管が凍結すれば**速度の指示が狂って**飛行の安全がおぼつかなくなります。翼に付着して翼型が変われば、**揚力が十分に出なくなり、抵抗も増える**ので、これまた飛行の安全が脅かされます。JAXAの資料によれば、主翼前縁に1.3 cmの厚さの氷が付くと、揚力が50 %減少し、抗力は50 %も増大するそうです。

　地上なら降雪や凍結があれば**融雪剤を散布**するなどの対応ができますが、上空ではそうはいきません。そこで、機体には降雪や凍結に対応するシステムが装備されています。基本的な対処方法は、**氷を付着させない防氷**と、**付着した氷を取り除く除氷**の2通りです。

防水

・温風や電熱で表面を温めて、氷の付着や凍結を防ぐ。
・薬剤を塗布して、氷の元となる水滴をはじく（研究段階）。

除氷

・ブーツを膨らませて、付着した氷を砕いて取り除く。

■温めて凍結を防ぐ防氷（アンチアイシング）システム

　温風や電熱でその部位をあらかじめ温めて、凍結を防ぐシステムです（図8-3、8-4）。**温風を使ったシステムは、**翼やエンジンの前縁などの防氷に用いられます。**電熱による防氷システムは、**操縦室の窓やピトー管、温度センサーや迎角センサーなどのセンサー類、小型旅客機のプロペラなどにも用いられます。**B787ではスラットの防氷にも電熱を使用**しています。

■ゴムを膨らませて氷をはじき飛ばす除氷（ディアイシング）システム

　飛行機によっては凍結・着氷を防ぐのではなく、氷が付いたら取り除く方法を採っているものもあります。**翼前縁に装備されたゴム製のブーツ**はよく見かけます（図8-5）。小型旅客機などに翼の前縁が黒くなっているものがありますが、その黒いものがブーツです。一定の周期で膨ら

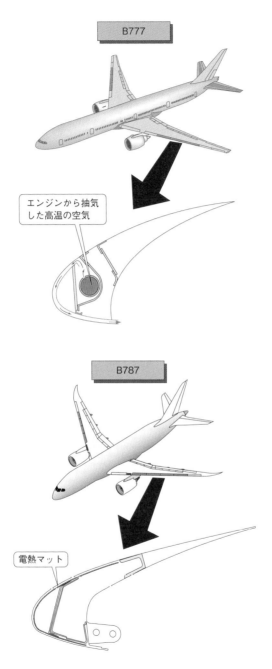

図8-3　翼前縁防氷例とその仕組み（イメージ）

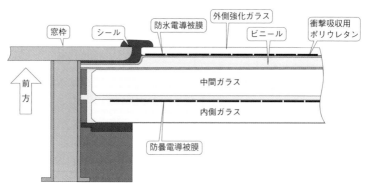

図8-4　操縦室窓の電熱による防氷の仕組み（イメージ）

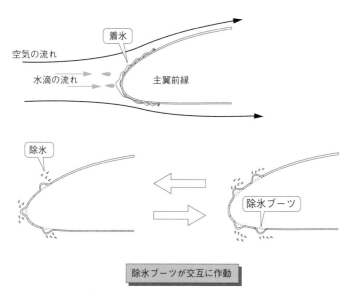

図8-5　翼前縁ブーツのイメージ

ませて、付着している氷を砕いて飛ばします。

■凍結する水滴そのものを付着させない！

　現在の防氷、除氷システムで使われる温風や電熱は、エンジンの空気の一部を抽出したり、発電機に負荷をかけたりするので、エンジンの出

力に影響を及ぼします。そこで、**超撥水塗料**と呼ばれる非常に高性能な撥水剤を塗布して、**凍結する水滴そのものを付着させないこと**が考えられています。経済産業省やJAXAでも研究が進められており、早く実用化されることを期待したいものです。

Column 「超撥水塗料」の原理

　水滴接触角が150°以上になる塗料は超撥水塗料と呼ばれます。最近、『航空技術No.778』（日本航空技術協会、2020年1月）に、SUBARUと日本特殊塗料が開発した超撥水塗料が紹介されました。

　この塗料の目的は、これまで述べてきた塗料などとは違って、翼に塗って表面に水滴を付着させないようにするものです。低温時、水滴が翼に留まって凍結するのを防げるようになると期待されます。この塗料は水滴撥水角が150°以上あり、傾きが10°もないところでも水滴は留まれないそうです（図8-6）。

　ワイリー・サイエンスカフェというサイトでは、2013年、チューリッヒ大学の研究者が接触角179.8°（ほぼ完全球体）の超撥水性表面を実現したという情報もありました。

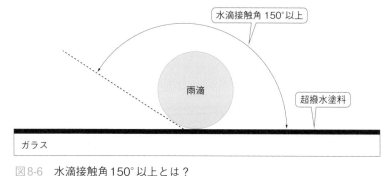

図8-6　水滴接触角150°以上とは？

8-3 冬季運航では空港も雪氷と戦っている！

　毎年、冬になると北の空港では雪や氷との格闘が展開されます。地上で繰り広げられる厳しい戦いを紹介しましょう。地上での戦いは、機体に積もる雪、翼上面に張り付く氷、滑走路を覆う雪や氷など、安全を脅かす要因の排除に尽きます。

■機体に雪や氷が積もっていると出発できない！

　先ほどJAXAの研究結果に触れましたが、翼に雪や氷が付着すると翼の形が微妙に変化して、揚力が減少したり、失速速度が増加したりします。抗力も増えます。精密に特殊な形に成形されている翼は、**その形が維持されて初めて所定の性能を発揮できる**ので、雪や氷が付着してその形が変わるのは致命的なのです。

　FAAの基準は、雪氷の翼への付着で揚力が30％減り、抗力が40％増える可能性があると述べています。失速速度が30％増えることもあるという話もあり、低速時は厳しい状況が想定されます。例えば、離陸直後の速度は通常失速速度の1.2 ～ 1.3倍程度ですから、失速速度が30％も増えたら飛行機は墜落しかねません。実例もあります。1982年1月、米国のワシントンナショナル空港から離陸したB737が、空港のすぐそばの凍ったポトマック川に墜落しています。

　飛行機は、出発前に機体に積もった雪や氷を完全に取り除くことを求められます。クリーンエアクラフトコンセプトといわれ、国土交通省の「防除雪氷業務に係る審査要領」では次のように定義されています。

クリーンエアクラフトコンセプト

　機体への着雪氷が発生する状況下において、翼、プロペラ、操舵面、エンジンインレット等の重要表面に氷、雪、霜が堆積または付着したままで離陸をしてはならない。

●防除雪剤を散布して、融かしながら吹き飛ばす

竹ぼうきやロープではたき落とすという、前近代的な方法で除雪する時代もありましたが、近年は除雪方法が格段に進歩し、**除雪機材や防除雪剤**が活躍しています。防除雪剤を機体に高圧で散布して、融かしながら吹き飛ばすのをご覧になった方もいるでしょう。防除雪剤の効果をできるだけ長持ちさせるため、機体除雪は出発直前に行われます。

●防除雪剤、1回散布か2回散布か？

防除雪剤は一般的に、3種類のグリコール系の液体が使われています。それぞれタイプⅠ、Ⅱ、Ⅳと呼ばれています。機体メーカーの資料などによれば、欧州ではタイプⅡの1回散布、日本や米国はタイプⅠで除雪した後、タイプⅣを散布する2回散布が一般的なようです。

1回散布は手間が少なくて済みますが、前便の着陸などで動翼の隙間に入り込んだ融雪剤交じりの雪などを十分に取り切れず、**後々ゲル状になって動翼の動きを阻害するかもしれない**という懸念がちらつきます。

2回散布は手間がかかりますが、最初の除雪で前便の残留物を取り除けるので、その懸念は減ります。これらの液体はお湯で薄めて使われますが、降雪が激しいときはそのまま使われます。

ちなみにタイプⅢは、主に米国で、離陸速度が遅い小型機に使われています。

●防除雪剤の効果持続時間「ホールドオーバータイム」

飛行機が離陸するときは、機体、特に翼に雪や氷が付着していないことが求められます。除雪時に散布した防除雪剤は、融けた雪や氷で薄まったり、流れたりしてその効果が失われていくので、離陸時点で雪や氷がないことを確実にするには、効果の持続時間を把握する必要があります。

防除雪剤効果の持続時間、つまり**散布開始からその効果がなくなって雪が積もり始めるまでの時間**がホールドオーバータイムです。

ホールドオーバータイムは、防除雪剤の種類や水（湯）との混合割合、あるいは外気温などによって大きく変わります。ICAOの資料によれば、その値は適宜見直され、米国FAAとカナダ運輸省（TC）が発行するホー

ルドオーバータイムテーブルに記載されることになっています。

　ホールドオーバータイムテーブルに示された値を大ざっぱにまとめると、タイプⅠは数分から数十分、他のタイプは生のままで使えば、数十分から数時間、効果が続くようです。タイプⅠはタイプⅣを散布する前の除雪氷で使われるので、ホールドオーバータイムが短くてもそれほど問題ではないでしょう。

●レーザービームで雪氷を融かす？

　除雪に加圧空気が使われることもあります。加圧空気だけ、あるいは防除雪剤と同時に使用されます。他にガス放射熱やレーザービームで雪氷を融かす方法の研究もありましたが、実用化されたという話は聞きません。

■滑走路が滑りやすければスムーズな運航はできない

　滑走路が滑りやすくなるのも困ります。離着陸重量の制限や運航停止につながりかねないので、空港を管理する当局は滑走路の除雪氷や融雪氷に力を注ぎます。

　滑走路の除雪氷には、スノープラウなどの除雪機材を使った除雪氷が行われます。融雪剤がまかれることもあります。誘導路の除雪氷も欠かせません。ここが滑りやすければスムーズな運航はできません。乗客や貨物の積み下ろしをする場所（エプロン）の除雪氷も必要です。

●乾いているときの10分の1以下の摩擦係数になることも

　先述の通り、滑走路の滑りやすさは飛行機の離着陸性能に大きく影響します。もちろん、除雪したり融雪氷剤を散布したりして改善を図りますが、乾いた状態と同等レベルにはなかなかなりません。滑走路に雪や氷があるときの摩擦係数は、乾いているときの10分の1以下になることもあります。

　滑走路に雪氷がある場合は摩擦係数を測って、その結果をもとに、あらかじめ用意された許容重量のデータから離着陸重量を算出します。雪が深い場合やスラッシュ※状態の場合は、それをかき分けたり、跳ね上

※：水分を多く含んで融けかかった雪。

142

写真　アンカレッジ空港の
雪氷風景
　　　写真提供：日本貨物航空

げたりして抵抗が増えるので、それも離陸重量算定に考慮されます。

■「滑走路摩擦係数」は特別な車輪で測る

　滑走路の摩擦係数は特殊な計測装置で測りますが、初期のころはいくつかの地点を決め、計測器でその地点の摩擦係数を測っていました。計測器を車に据え付けておき、時速40 km付近から急ブレーキをかけ、その減速度を測る方式でした。この計測器は連続して測れず、計測者によるばらつきもあって、思わしくありませんでした。

　その後、**連続的に計測する方法**が開発されました。計測機械を自動車で引っ張ったり、自動車に組み込んだりして、滑走路を結構な速度で走るのです。組み込みタイプは**サーブ（またはサーフェイス）フリクションテスター（SFT）**と呼ばれる、スウェーデン製のものがよく知られています（図8-7）。

　これはテスターが組み込まれた特別な車輪を転がして、摩擦を連続的に測る方式です。飛行機ほどではないものの、かなりの高速で走れることから、実運航により近い状態が計測できます。国土交通省の摩擦係数測定マニュアルには、日本ではこれによる計測が原則とされています。

　グルービングが施された滑走路のように摩擦係数が比較的高い空港では、ダイナミックフリクション（DF）テスターという簡易な小型試験装置の使用も認められています。DFテスターは、路面にゴムのパッドを押し付けて回転させながら摩擦の程度を測るもので、道路舗装面の滑り具

合を見るのにも使われています。ただし、摩擦係数が低くなればSFTによる計測に移行することが求められます。DFテスターは、日本の日邦産業という会社が製造しており、米国やEUでも使われているようです。

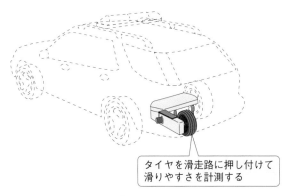

タイヤを滑走路に押し付けて
滑りやすさを計測する

図8-7　SFTのイメージ

Column　なぜ大雪で空港が大混乱するのか？

　冬場、北海道などの空港では、大雪による混乱が起きることがあります。滑走路の除雪が間に合わないことが大きな要因ですが、機体の除雪の問題もあるようです。機体の雪を払ってゲートを出た飛行機は滑走路に向かいます。パイロットは滑りやすくなった誘導路を、翼上面の積雪状況を確認しながら徐行します。速度が出せない中、激しい降雪があれば、ホールドオーバータイム内でも雪が積もってしまうことがあります。翼上面に雪があってはいけないので、この場合は、元に戻って除雪してもらうしかありません。降雪がさらに激しくなれば、除雪するそばから積もって、出るに出られない状態になり、運航が停止してしまいます。こうして空港は大混乱に陥るのです。

運航の基本となるエアデータと
その計測システム

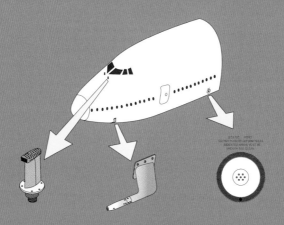

飛行機の運航には速度、高度、気温などのデータ（エアデータ）が必要です。第9章は、エアデータの算出に必要な圧力や温度などを計測するシステムの話です。計測機器の仕組みや算出されたエアデータ、実運航で使用される各種速度、飛行高度（フライトレベル）などについて解説します。

9-1 計測した値をエアデータコンピュータ で補正

　高高度を高速で飛ぶような飛行機は、**各センサーで計測される圧力や**温度の情報が、速度や高度（空気密度）あるいは空気の圧縮性などの影響を受けているので補正する必要があります。

　補正するのが**エアデータコンピュータ**です。各センサーから送られてくる全圧、静圧、全温などをもとに、対気速度、マッハ数、気圧高度およびその変化率（上昇率、降下率）、さらには外気温などのデータを算出し、高度計、速度計、昇降計、温度計などの計器に表示します。自動操縦装置や客室与圧装置などにも使われます。

■速度を測るピトー管

　ピトー管は、飛行機の速度を測るためのシステムの構成部品です。操縦室付近の胴体の外板に付けられた管状のものです。機種によって違いはありますが、取り付け位置は一般に左右2か所、気流の乱れが少ない場所です。図9-1はそのイメージです。コックピットの前方に付いている機種もあります。

●分離型ピトー管は静圧孔が別にある

　ピトー管にはピトー管だけのもの（図9-2）と、**本来のピトー管の側面に静圧孔を備えた一体型のもの**（図9-3、**ピトー静圧管**と呼ばれています）の2種類があります。ピトー管だけのもの（以下、**分離型ピトー管**）は、別に設けられた静圧孔とセットで機能します。図9-1は分離型ピトー管が装備された例で、ピトー管と静圧孔が別々に装備されています。この静圧孔は胴体と面一になっているので、**フラッシュタイプ**ともいわれています。

　機種によって装備されているタイプは違いますが、FAAの資料などによれば、**最近の飛行機は分離型が多いように見えます**。

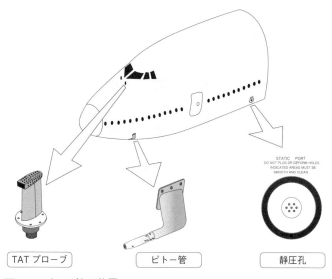

図9-1 ピトー管の位置

静圧孔の穴の数は機種に
よって違い、7つも開けら
れているものもある

図9-2 ピトー管と静圧孔（分離型）のイメージ

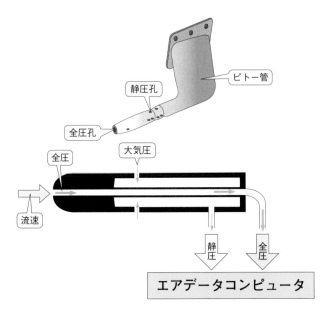

図9-3　ピトー静圧管（ピトー管と静圧孔の一体型）のイメージ

Column　虫がピトー管をふさぐと超危険！

　もし、何らかの原因でピトー管の穴がふさがれたら、本当の速度が示されず、操縦が困難になるなど、非常に危険な状況に陥ります。人為的なミスが原因の例もありますが、虫が入り込んで詰まらせた事故が実際に起きています。「そこに穴があるから」入ったのでしょうか？　直径が1cmにも満たない穴ですが、虫にとってはちょうどよいのかもしれません。

　通常、夜間や長時間駐機する場合はカバーを掛けますが、まれに掛けるのを忘れたり、掛けるのが遅れたりして、虫にチャンスを与えているようです。1996年、ドロバチによってピトー管内に作られた巣が原因かもしれない墜落事故が起きています。2020年の暮れにも、ドロバチがピトー管の穴を泥でふさいだことがありました。

●**自動車とは違う速度の測り方**

　飛行機が計測できる空気の圧力は**静圧**と**全圧**です。静圧はその地点の大気圧で、全圧は静圧と飛行機にぶつかってくる空気の圧力（動圧）の合計です。動圧は直接計測できないので、エアデータコンピュータで全圧と静圧から求めます。動圧が速度の2乗に比例することを利用して速度を算出します。

■外気温は「TATセンサー」で計測する

　外気温は静温（SAT）ともいい、**TAT**（Total Air Temperature、全温）センサーが計測しています。センサーはTATプローブ（図9-4）の中に収められており、そのプローブはピトー管や静圧孔の近くに取り付けられています。

　TATセンサーで計測した温度は外気温そのものではありません。流れてくる空気がセンサーにぶつかって速度が落ちるときに運動エネルギーが熱エネルギーに変換されて上昇した温度と、外気温が合わさったものが計測されます。これがTAT（全温）です。温度上昇の程度はそのときのマッハ数によります。外気温はTATとマッハ数をもとに、エアデータコンピュータで算出します。

●**非吸引式タイプの欠点を補う吸引式タイプ**

　TATプローブには**非吸引式タイプ**と**吸引式タイプ**があります。非吸引式タイプはTATプローブの基本的な形で、以前から使用されてきましたが、弱点がありました。通常、飛行中は防氷のためTATプローブを加熱しています。上空では空気の流れが十分にあり、冷やされるので問題ないのですが、地上にいるときや速度が遅いときは、加熱の影響で正確な値が出ないのです。ボーイング社の資料には、ヒーターを切る必要があると書かれています。

　この弱点をカバーするのが吸引式タイプです。地上でも、速度が遅いときでも正確な値が出るよう、エンジン/APUなどからの圧縮空気をエジェクターから流して、強制的に空気の流れを作って冷やすようになっています。

吸引式タイプは、アスピレイテッド（Aspirated）タイプと呼ばれています。それに対して、非吸引式タイプは、アンアスピレイテッド（Unaspirated）タイプと呼ばれています。

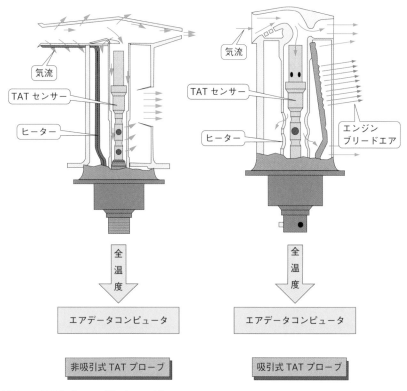

図9-4　TATプローブのイメージ

9-2 対気速度とマッハ数

　エアデータコンピュータから出力される運航の基本情報（速度やマッハ数）を解説します。

■「対気速度」は4種類ある

　飛行機は空気の中を移動するので、運航で使用される速度は空気に対する速さ、つまり**対気速度**（Air Speed）になります。対気速度は機械的な誤差、あるいは空気の密度や圧縮性の影響を補正して表示されますが、その補正の段階によって、以下の4種類の速度があります。

①指示大気速度（IAS：Indicated Air Speed）

　動圧をもとに算出された速度は、操縦室の速度計に表示されます。これが**指示大気速度**（以下IAS）または**計器速度**です。各速度のベースとなるものです。

　ただ、この速度には**位置誤差**と**計器誤差**が含まれます。ピトー管や静圧孔は機体の表面のごく近傍にあるので、取り付け位置や機体姿勢の影響を避けられず、速度に誤差が生じます。その誤差が位置誤差です。計器そのものの誤差もあり、これは計器誤差と呼ばれます。

②修正対気速度（CAS：Calibrated Air Speed）

　位置誤差、計器誤差を補正した速度が**修正対気速度**（以下CAS）です。従来は、誤差の値が機体メーカー発行の飛行規程に示されており、それをもとに指示大気速度を補正していました。今では**コンピュータが補正した値が計器に表示される**ようになっています。誤差を補正した値が計器に直接表示されるようになったので、IASとCASの区別が難しくなりました。

③等価対気速度（EAS：Equivalent Air Speed）

　空気には圧縮性があります。低高度で低速時ならさして問題になりませんが、高速時や高高度では空気圧縮の影響は大きくなります。CAS

にこの圧縮性誤差を補正したものが**等価対気速度**（以下EAS）です。機体構造の強度計算などで使われる速度なので、実運航で使われることはありません。

④真対気速度（TAS：True Air Speed）とマッハ数

　さらに空気の密度も影響します。EASに**空気密度の影響**を補正したものが**真対気速度**（TAS）です。TASに風の速度（風速）を加えたものが**対地速度**（Ground Speed）で、もし風がなければTASは対地速度と同じ値になります。対地速度に飛行時間をかければ**地上の移動距離**です。レーダーで飛行機の動きを監視している管制官には必要な速度です。TASをそのときの音速で除したものが**マッハ数**です。

■飛行機の速度の単位は船と同じ「ノット (kt)」とマッハ数

　飛行機の運航や航空交通管制で使用される**速度の単位**は通常、船の速度の単位でもある**ノット**(kt)が使用されます。ノットは海マイル（海里、ノーティカルマイル（nm））で表した**1時間あたりの進出距離**のことです。飛行機が「シップ」と呼ばれることからもわかるように、もともとは船から来ているので、使われる速度の単位も海にちなんでいます。

　速度の単位にはもう一つ、高高度で使用される**マッハ数**（M：Mach Number）があります。高度が上がると空気密度は小さくなり、外気温も下がってくるので、一定のIAS（CAS）で上昇するとTASが増えて、マッハ数も増加していきます。ついには音速に近づいて衝撃波が発生し始め、それに伴う問題が発生するようになります。

　これを避けるため、ある高度から上は**マッハ数一定**の飛行に切り替えます（図9-5）。上昇速度は機種によるので、切り替え高度もそれぞれです。例えばB787型機の上昇速度は290 kt IAS/M0.79※ほどで、マッハ数への切り替え高度は30,000 ft（約9,150 m）付近になります。

●普通のジェット旅客機は「亜音速」「遷音速」で飛ぶ

　航空の世界ではよく、亜音速、遷音速、超音速などの用語が使われますが、FAAの規定では下記のように定義されています。

※：管制上、高度10,000 ft以下は250 kt以下に制限されます。巡航高度まで上昇したら巡航速度へ加速します。

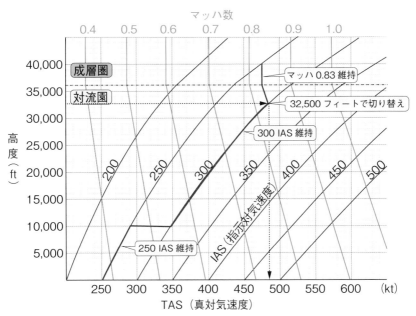

図9-5 IASとマッハ数の切り替え（イメージ）

Column 「海マイル」と「陸マイル」の違い

　海マイルは地球の緯度1分に相当する距離と決められており、1.852 kmとなっています（国により若干違います）。マイルには陸マイルもあります。スタチュートマイル（sm）などと呼ばれ、陸上の乗り物の速度にはこの単位が使われます。その値は1.609 kmです。これもごくわずかですが、国によって違いがあります。一般に「マイル」といったら陸マイルを指すようです。なお、航空会社のマイレージクラブのマイルは別物で、運航距離をそのまま表しているわけではありません。営業面の配慮もあるでしょう。ちなみに陸マイルをネットで検索すると、陸マイラーという言葉がたくさん出てきます。距離とは何の関係もなく、飛行機に乗らずに買い物などでマイルを溜める人たちのことをいうようです。

- 亜音速：M 0.75未満
- 遷音速：M 0.75 ～ 1.20

　　　　機体が部分的に音速を超えた状態。翼上面のように気流が速いところから超音速になっていきます。

- 超音速：M 1.20 ～ 5.00

　　　　機体の全体が音速を超える時点以降。

- 極超音速：M 5.00超

　超音速は軍用の飛行機では珍しくありませんが、普通の旅客機は亜音速、遷音速の領域を飛行しています。以前はコンコルドが超音速領域で商業運航していました。現在も米国で超音速旅客機の開発が進められているので、近々超音速運航が復活しそうです。

■実運航で特に重要な「4つの速度」

　旅客機の運航でよく話題になる**離陸速度**、**着陸速度**、**巡航速度**、およびそれらの基準となる**失速速度**について触れます。単位はいずれもIAS（CAS）ベースです。

●「V_1」「V_R」「V_2」の3種類ある離陸速度

　離陸に関する速度にはいろいろ定義づけられたものがありますが、次の3つの速度が基本です。先ほど触れましたが、もう少し掘り下げてみます（図9-6）。

- V_1（ヴィワン）

　離陸決心速度などと呼ばれます。多発飛行機においてエンジンが1基故障した場合、離陸を続けるか中止するかを決める速度です。その速度に到達する前にエンジンに不具合が発生すれば離陸を中止し、その後に発生した場合はそのまま離陸を継続します。パイロットが最も身構える場面の一つです。その速度は機種や離陸重量によりますが、大体120 kt付近（時速230 kmくらい）というところでしょう。

- V_R（ヴィアール）

　引き起こし速度と呼ばれ、そこで機体を引き起こせば安全に離陸でき

る速度です。V_1より10〜15 kt（約時速18〜28 km）ほど速い速度ですが、機種によっては25 ktほどになるものもあるようです。V_R到達前に引き起こすと速度が足りないため、機首は上がっても機体が浮揚せず、機体後部を滑走路に打ち付けることにもなりかねません。V_Rを超えて引き起こせば離陸は問題ないものの、離陸距離が伸びます。

・V_2（ヴィツー）

安全離陸速度と呼ばれ、1エンジン停止の状態で滑走路端上35 ft（約10.7 m）に到達したとき得られるべき速度です。その後の上昇が安全に継続できる速度です。失速速度V_sの1.2倍（新しい基準の失速速度V_{sr}の1.13倍）以上と決められています。V_RとV_2の差は10 kt（約18 km）ほどです。1エンジン停止の後も飛行機は加速しているので、V_Rで引き起こせば通常高度35 ftに達したときにはこの速度に達しているはずです。

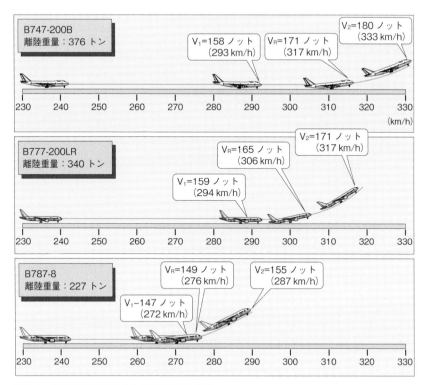

図9-6　離陸重量の差による離陸速度の違い

> ## Column V_1 を超えて離陸を中止したことで大事故に
>
> 1996年、ガルーダ・インドネシア航空の機体が福岡空港で離陸に失敗しています。離陸滑走中にエンジンが故障しましたが、機長は離陸決心速度 (V_1) を超えてすでに機体が浮揚していたにもかかわらず離陸を中止したことから、飛行機は滑走路をはみ出して緑地帯に突っ込む大事故となり、死傷者が出ました。
>
> 参考：航空事故調査報告書 (国土交通省)

●着陸速度「V_{ref}」

着陸ではV_{ref}という速度が基準です。リファレンススピードまたはヴィレフと呼ばれます。対空証明時の着陸距離算定に使われます。着陸距離は滑走路端の50 ft (約15 m) 上空を、基準速度V_{ref}で通過する条件で算定されますが、そのV_{ref}は失速速度の1.3倍 (V_{sr}の1.23倍) 以上と決められています。

実際の運航でもV_{ref}が基準の速度です。着陸のため進入してきた飛行機は、滑走路端でV_{ref}となるように速度を調整 (減速) します。

飛行機は通常、風が吹いてくる方向に向かって (向かい風で) 滑走路に進入します。大抵の場合、上空では風が吹いており、それが変動することがあるので、それを考慮して、滑走路端に近づくまではV_{ref}より少し早めの速度で進入します (図9-7)。

進入中で怖いのがウィンドシアと呼ばれる風の急変です。強さが変わることもあれば、向きが変わることもあります。いずれにしても飛行機の進行方向の風速が変わります。もし、向かい風成分が急に弱まったら飛行機の対気速度も急落します。状況によっては速度回復が間に合わず、失速速度を割ることも考えられます。高度が低いときは危険な状況になりかねません。

　そこで、風が変化しても失速速度に近づきすぎないように、**進入速度**にはV$_{ref}$に向かい風成分を上乗せしたものが使用されます。どれほど上乗せするかは飛行機メーカーや機種によって異なりますが、向かい風成分の2分の1 〜 3分の1程度（最大で15 〜 20 kt）が一般的なようです。

●巡航速度はお得な「経済巡航速度」が使われる

　巡航は運航の多くの部分を占めるので、「どういう速度で運航するか」によって燃料消費や飛行時間が大きく左右されます。通常は、航空会社が飛行機メーカーから提供されたデータをもとに決めた速度が使用され

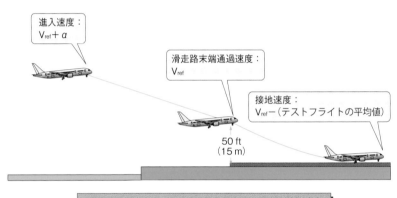

進入速度：
V$_{ref}$＋α

滑走路末端通過速度：
V$_{ref}$

接地速度：
V$_{ref}$－（テストフライトの平均値）

50 ft
（15 m）

法規で求められている着陸距離を算出する場合の着陸速度

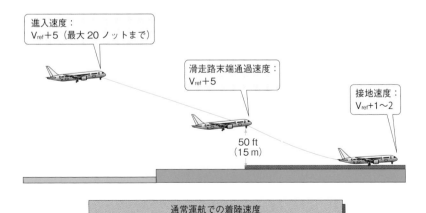

進入速度：
V$_{ref}$＋5（最大20ノットまで）

滑走路末端通過速度：
V$_{ref}$＋5

接地速度：
V$_{ref}$+1〜2

50 ft
（15 m）

通常運航での着陸速度

図9-7　法規および通常運航での進入速度と着陸速度

ます。機種によりますが、マッハ数0.75 〜 0.85ほどの速度が使われています。

　以前は一定の速度を維持する運航でしたが、最近の飛行機では、そのときの重量に応じた**経済巡航速度**といわれる速度が使われるようになりました。

　その他、飛行時間を縮める必要がある場合に使用する速めの速度（**ハイスピード**）や、飛行時間を犠牲にしても消費燃料を優先したいときの**長距離巡航速度**（LRC：Long Range Cruise Speed）が用意されることもあります。ハイスピードは「空港の運用時間切れ」が迫っているときなどに使われることがありますが、長距離巡航速度を使う機会は少ないでしょう。

●燃費と時間のバランスが良い経済巡航速度（ECONスピード）

　飛行時間を短縮しようと速度を速めれば消費燃料が増え、燃料消費が少ない遅めの速度で飛べば飛行時間が伸びて、機材効率面で不利になります。

　燃料が安く、運航コストをそれほど深刻に考えなくてもよかった時代は、飛行機メーカーから提案された一定速度をそのまま使用するのが普通でした。もちろん、その速度に問題があったわけではありませんし、今でも使用している航空会社があるかもしれません。

　しかし、オイルショック以降は燃料費が高騰し、燃料コストが重視されるようになりました。また、燃料費だけでなく飛行時間に関連する時間コストも考慮して、最適の速度が求められるようになりました。**経済巡航速度**（以下、ECONスピード：Economy Speed）と呼ばれる速度です。

　ECONスピードは飛行機の重量や飛行高度のほか、風速によっても変化するので、手動で追いかけるのは大変です。飛行をコントロールする**飛行管理システム（FMS）**と呼ばれるシステムが搭載されたことで、この速度が選定できるようになりました。FMSがオートパイロットとオートスロットルを連携させて速度をコントロールします。

　ECONスピードは、時間コストと燃料のコストの比、**コストインデックス**（CI）の関数として決められます。コストインデックスは機種ごと

に設定されており、FMSは入力されたコストインデックスに基づいて速度をコントロールします。

● **失速速度は「飛行機が浮いていられなくなる速度」**

　失速速度は、離着陸速度をはじめとするいろいろな速度を決めるときのベースになっています。失速速度は、飛行機が失速して浮いていられなくなる速度ですが、後退翼や進化した翼型を持つ飛行機では、失速の状況が従来の飛行機とは異なってきました。

　これにより、20年ほど前にFAAが従来の失速速度V_s（Stall Speed）に代わる失速速度としてV_{sr}（Reference Stall Speed）なるものを提案しました。V_{sr}はその高度を維持できなくなる速度、つまり上下方向の加速度がない、いわゆる水平飛行の状態（1 g）を維持できる最低の速度（V_{s1g}）より小さくない速度とされています。V_{sr}はV_{s1g}と同義ではないものの、**実質的には同程度の速度が使用されている**と思われます。V_{sr}、V_{s1g}は、V_sより6%ほど速い速度になるようです。

コストインデックス (CI) とは？

　ECONスピードを決めるときには、飛行時間に関わる時間コスト
と燃料消費量に関わる燃料コストが考慮されます。コストインデッ
クス (CI) は時間コストと燃料コストの比で、ECONスピードを決め
るときの要素です。

$$CI = \frac{時間コスト}{燃料コスト}$$

　時間コストは単位時間あたりの費用です。飛行時間で管理される
代表的なものとして、飛行機やその部品の整備費があります。航空
会社によっては、使用年数を加味した飛行機の価格や、飛行時間の
影響を受ける従業員の手当なども考慮するかもしれません。

　燃料コストは単位重量あたりの値段で表します。燃料の値段は国
や空港で異なるので、運用が複雑になるのを避けるため、路線に関
わりなく平均的な値段で算定したCIを用いるのが一般的でしょう。
ただし、路線ごとにCIを設定しているシビアな会社もあるかもしれ
ません。

　ただ、そうやって決めたCIに基づく速度が、他の飛行機の流れと
かけ離れたものなら、航空交通管制に迷惑をかけます。そこで、他
の飛行機の流れを大きく乱さない範囲に調整することも考慮しなけ
ればなりません。

　なお、CIは基本的には航空会社がその会社の事情に応じて定める
もので、運航の途中で運航乗務員が変更するものではありません。

9-3 「高度計」と「飛行高度」の関係

速度とともに高度も、運航の基本となる情報です。

■飛行中の主役は「気圧高度計」

高度は気圧を利用する**気圧高度計**と、電波を使用する**電波高度計**が使われています。飛行中は気圧高度計が主役です。電波高度計は着陸直前に使用されます。

●気圧高度計の仕組み

最近の旅客機の気圧高度計では、**静圧孔**から得られた静圧情報をエアデータコンピュータで処理して高度情報を得ています。

●気圧高度計の値は起点の気圧で変わる

気圧高度計は「どこの気圧を起点にするか」によって、表示される値は変わります。飛行機の運航では、状況に応じて起点を変えながら運用します。起点とする気圧は**高度規制値**といわれ3種類あります。どの気圧に調節（セット）するかによって、表示される高度が異なります。この3つには、①QNH、②QFE、③QNEのコード名が付けられています。

①QNH

起点を*平均海面上の気圧*に調節することをQNHセットと称しています。平均海面からの気圧高度を表示します。この場合、地上（飛行場）にいるときの高度計は、飛行場の標高を表示します。地上にいるとき、そこの標高を表示するように高度計を調節しても、QNHセットになります。

QNHセットでは、平均海面上の気圧が変化すれば表示高度も変わるので、その都度、高度計を調節して高度情報を得ます。QNHセットは地上との間隔が問題となる低高度で使われます。

②QFE

飛行場の標高における気圧を起点にする調節をQFEセットといいま

す。起点からの高さを表すので、地上にいるときの高度計指示は0mになります。中国やロシアで使われているようですが、日本では使われていません。山などの地形は平均海面からの高さで表されるので、地形との間隔を見るには一手間かかります。

③ QNE

高高度飛行用で、**起点を国際標準大気圧 (1013hPa / 29.92inHg)（以下、標準大気圧）に調節する**ことをQNEセットといいます。平均海面上の気圧が標準大気圧であると仮定したときの気圧高度です。

QNEセットでは起点の気圧は標準大気圧で一定なので、気圧が変化しても表示高度は変化しません。したがって、気圧が変化すればこの高度は実際の気圧高度からズレますが、地上との間隔を気にする必要がない高高度では問題ありませんし、**すべての飛行機がQNEにセット**すれば同じ高度差での飛行が可能になります。高高度でQNEが使用される理由です。

●上昇、下降の途中でセットを切り替える

高高度と低高度でセットが異なるので、上昇の途中でQNH→QNE、

Column 「Q〇〇」の起源はモールス信号

航空安全情報サイト『SKYbrary（スカイブラリー）』の資料によれば、Q〇〇というのはQコードと呼ばれ、起源はモールス信号時代にさかのぼるそうです。その時代の通信状況から、簡潔で正確な通信を期するために設けられたということです。

QコードはICAOの「PANS-OPS」という文書に示されていますが、QNEは見当たりません。他の2つ（QNH、QFE）とは意味合いを異にするようです。実際の気圧高度ではないからでしょうか、それともモールス信号時代にはなかったからでしょうか？

降下の途中でQNE→QNHの切り替え作業が発生します。このセットの切り替えの高度は**転移高度**あるいは**転移レベル**と呼ばれ、日本では14000 ft（約4270 m）となっていますが、国によって異なります。

● **自動着陸に欠かせない電波高度計**

電波高度計は、電波を使用するので、エアデータコンピュータの情報を利用するわけではありませんが、「高度を測るもの」ということで、併せて解説します。

電波高度計は、飛行機から地上に向けて電波を発して、その反射波が戻ってくるまでの時間から高度を測ります（図9-8）。**飛行機と地上との距離を直接測る**ので、正確な情報が期待できます。通常の旅客機で使用される電波高度計は低高度用で、2500 ft（約760 m）より低いところで使用され、着陸直前の高度情報を提供します。

電波高度計は自動着陸に必須です。ILSの電波に誘導されて降下してきた飛行機は、滑走路直前から電波高度計の高度情報を利用して着陸します。

● **5Gが電波高度計と干渉する！**

電波高度計には、ちょっと気がかりなことが出てきました。2022年1月、第5世代移動通信システム（5G）との干渉の懸念が生じ、米国で運航が大混乱しました。日本の航空会社も巻き込まれました。携帯電話会社が5Gの運用を延期してとりあえず混乱は収まりましたが、FAAは航空会社に対して電波高度計を改修するよう指示しています。しかし、サプライチェーンの問題もあり、航空会社は苦戦しているのではないでしょうか。この本が出るころには解決していることを期待します。

なお、日本では今のところ干渉事例のニュースは見当たりません。基地局の位置など、米国とは違う5G環境が影響していそうです。

■飛行高度は表示高度を100で割った値で表示する

実際の運航で飛行機が飛ぶ高度について解説します。先述の通り、QNEセット時の表示高度は厳密な意味での高度ではなく、**フライトレベル（FL）**と呼ばれます。航空交通管制で使用されますが、表示高度を

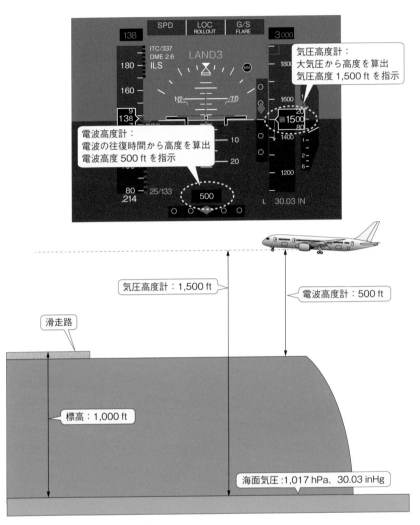

図9-8　電波高度計のイメージ

100で割った値で表され、例えば表示高度29,000 ftはFL290となります。

　飛行高度の単位は国によって違います。一般的にはftですが、中国、モンゴル、北朝鮮ではm単位なので、その国との境では飛行高度を調整します。

　フライトレベルは飛行する方向によって分けられています。東西方向

の交通量が多い日本では、東向きと西向きで別のフライトレベルが指定されます。分け方は国によって異なり、南向きと北向きで分けている国もあります。

日本では計器飛行をする飛行機は、原則として以下のフライトレベルを飛行することになっています（図9-9）。

フライトレベルFL290以下では、1,000 ft間隔で東西が入れ替わります。

東向き：FL150、FL170、……FL270、FL290

西向き：FL160、FL180、……FL260、FL280

フライトレベルFL290を超える高度では、間隔が倍の2,000 ft間隔になります。

東向き：FL330、FL370、FL410、FL450

西向き：FL310、FL350、FL390、FL430

●フライトレベルは西向きと東向きで互い違い

交通量の増加に対応するため、従来の垂直間隔を狭めることが検討され、従来、フライトレベル29,000 ftから41,000 ftまでの間でとられていた同方向4,000 ftの間隔の2,000 ftへの短縮が、各国・地域で行われました。

RVSM（短縮垂直間隔）といわれますが、その導入の背景には、飛行機に搭載されている計測器や高度維持管理に関する機器類の性能向上があります。

RVSMが適用された場合、フライトレベル41,000 ft以下の高度では1,000 ftの間隔で東西が入れ替わり、2,000 ftの間隔で入れ替わるのは41,000 ftを超えたところのみになります（図9-10）。

RVSMで運用する場合は、国土交通大臣の許可が必要です。その条件としては、「飛行機が必要な装備および性能を有していること」だけでなく、「乗員、整備員、運航管理者が必要な知識および能力を有していること」や「実施要領が適切に定められていること」、「その他、航行の安全を確保するために必要な措置が講じられていること」などが求められます。

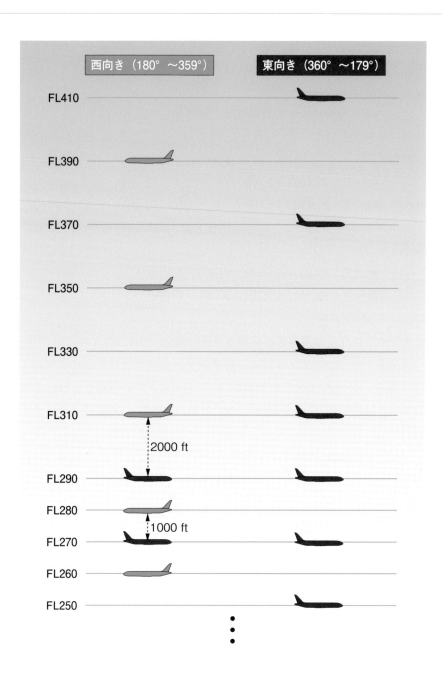

西向き（180°〜359°）　東向き（360°〜179°）

FL410

FL390

FL370

FL350

FL330

FL310

2000 ft

FL290

FL280

1000 ft

FL270

FL260

FL250

図9-9　フライトレベル

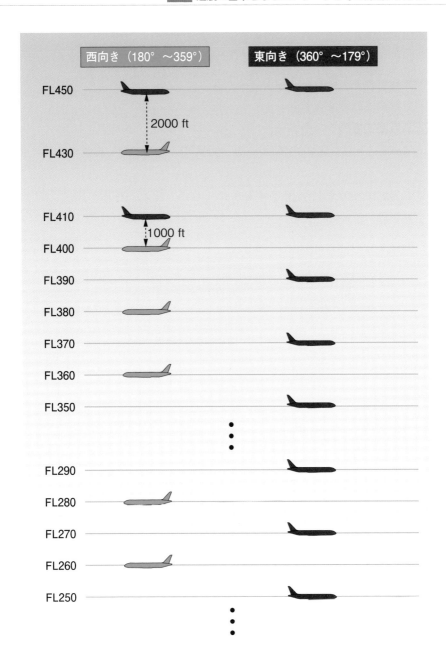

図9-10　フライトレベル（RVSM）

RVSM運航には次のような装備が必要です。

・独立した2系統の高度測定システム
・自動高度制御システム
・高度監視警報システム
・モードCトランスポンダ（レーダーの質問に対して飛行高度を応答）

　RVSMは2001年に英国で導入され、欧州、北米、日本、中国、アフリカと導入が進められてきました。日本には2005年9月に導入されています。

緊急時の"救世主"――
ドアと緊急脱出スライド

ドアとドアに付随する緊急脱出スライドの話です。第
10章では旅客機のドアの種類やタイプ、緊急脱出スラ
イドの仕組みなどに加えて、旅客機とは異なる貨物機
のドアについても解説します。また、緊急脱出に伴う
負傷例やドアの前で乗客が見せるドラマ、奮闘する貨
物機整備士の話も紹介します。

10-1 ドアは通常の乗り降りだけでなく緊急時も重要な役割

　トイレのドアは別にして、**旅客機のドアは乗客が自分で開け閉めする**ものではありません。しかし、よく目にする身近なものです。乗り降りだけでなく物品の搬入・搬出にも使用されます。特に**事故が起きたときの緊急脱出では重要な役割**を果たします。また、ドアの前ではトイレと同様、乗客たちによってさまざまなドラマが繰り広げられます。引き起こされるトラブルは少なくありません。

　旅客機のドアには次のようなものがあります（図10-1）。

・**乗降用ドア**：乗客や乗員の乗り降りのためのドア、エントランスドア。
・**サービスドア**：主としてギャレーへの物品の搬入・搬出のためのド
　　　　　　　　　　ア。一般的に大きさは乗降用ドアと同じ。
・**非常用ドア**：緊急時に脱出するためのドア。非常用脱出口。上記の

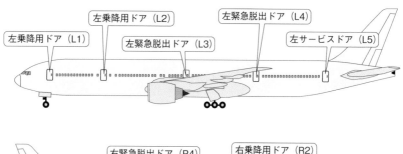

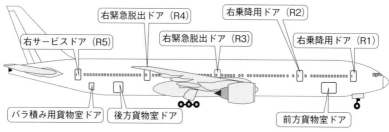

図10-1　旅客機（B777-300）のドア

乗降用ドアやサービスドアも含まれる。

・貨物室ドア：貨物室に取り付けられるドア。カーゴドア。

■さまざまなタイプがある客室の「ドア」

　客室のドアにはいろいろなタイプがあります。非常脱出口を兼ねているので、緊急脱出の要件に対応できるよう、搭乗可能な乗客数に応じたタイプのドアが装備されています。

　ドアのタイプは国土交通省の耐空性審査要領などに定められており、大きいものから順にA、B、C、Ⅰ、Ⅱ、Ⅲ、Ⅳの各型があります。そのほか、小型機に付けられるベントラルというドアと、乗降用階段の一体型や胴体の後方に付けられるテールコーンというものがあります。

Column

44名以上の旅客機は全員90秒で脱出できないとダメ

　乗客定員が44名を超える飛行機の運航者（航空会社）は90秒ルールと呼ばれる基準を満たすことが求められています。

　その基準は「事故発生から90秒以内に乗客乗員全員が飛行機から脱出できることを実証しなければならない」というもので、使用する非常口は両側にあるドアの「どちらか一方のみ」と決められています。全ドアの半数しか使用できないのです。

　その他、脱出テストに乗客として参加してもらう人たちの構成や、乗務員などにも厳しい条件が定められています。ただ、同一機種・モデルについては、機体メーカーや他の航空会社が型式証明取得のときに実証していれば脱出テストを省けるので、航空会社が実際に行うことはあまりないでしょう。

　なお、この基準についてはFAAが見直しを考えているようで、より厳しい条件になりそうな感じです。

また、基準にはそれらの寸法や対応可能乗客数などが定められているので、ドアのタイプや数を決めるにあたっては、基準をもとに90秒ルールを満たすよう配慮しなければなりません。

● よく使用されるドアは「A型」と「I型」

私たちにとって比較的身近なドアは、乗降用ドアとして使用されるA型とI型でしょう。大まかにいえば、A型は幅約1 m、高さ約1.9 mの長方形、I型は幅約0.6 m、高さ約1.2 mの長方形です。いずれも角は丸まっています。A型は大型機に、I型は少し小さめのB737やA320などに使用されており、主翼上部の非常用脱出口にはⅢ型やⅣ型が用いられています。

■洋上飛行する飛行機には、漂流を想定した 「ラフト」（救命ボート）も

A型、I型、Ⅱ型の非常用脱出口には緊急脱出用の滑り台（緊急脱出スライド、以下スライド）が付いており、脱出時には自動的に展開します（図

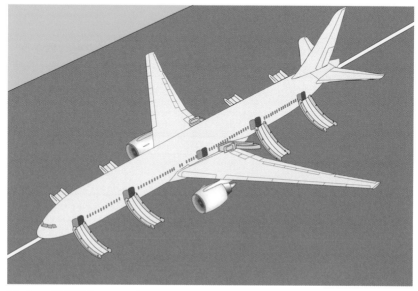

図10-2　緊急脱出スライドのイメージ

10-2)。エスケープスライド、エバキュエーションスライド、シューターなどとも呼ばれます。洋上を飛行する飛行機には、緊急着水時に備えてラフト（救命ボート）としても使えるものが搭載されます。これには漂流を想定して、水や食料、医薬品などのサバイバルキットやテントなどが装備されています。スライドの生地に使われている材料には、合成樹脂などでコーティングされたナイロン繊維やケブラー繊維などがあります。

● **緊急脱出スライドはガスを使って6〜10秒で膨らむ！**

　スライドは、ドアの側に折りたたまれて装備されています（図10-3）。スライドには、それを膨らませるガスボンベが備えられており、緊急時にドアが開けられると、ガスボンベから窒素やCO_2の高圧ガスが放出されます。

　放出されたガスは折りたたまれたスライドの中に向かいますが、このとき、スライドに付けられたフラッパーバルブがベンチュリー効果によって開き、大量の外気が流れ込んで、ガスと一緒になってスライドを

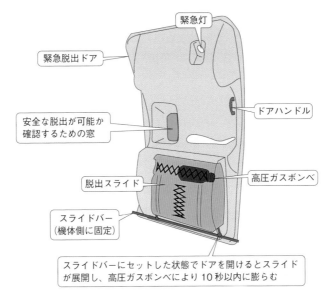

図10-3　スライドが膨らむ仕組み（イメージ）

一気に膨らませます。

　FAAの基準では、通常のスライドや翼上への脱出を補助するものは6秒以内に展開、ラフトタイプと翼上を通って地上へ滑るスライドは10秒以内に展開することが求められています。

●滑りすぎるスライドでけが人が出たことも

　スライドは、スムーズに脱出するためによく滑ります。雨が降っていればなおさらです。

　1993（平成5）年、羽田空港で緊急脱出時に多くのけが人が出る事故がありました。着陸後、B747-400の機内に白煙が立ちこめたため、緊急脱出するという事例が発生し、このとき、乗客9人が重傷、108人が軽傷を負い、客室乗務員も4人が軽傷を負いました。

　速度がつきすぎてスライドから飛び出し、アスファルトに腰を打ち付けて圧迫骨折したり、滑り終わった後、すぐに立ち上がれずにいるところに、後から滑ってきた人がぶつかって腰を負傷したりしたのです。

　これを受けて官民合同の検討会が立ち上がり、滑り方や非常口近くに座る乗客の条件、あるいは脱出援助の要請などについて、航空会社間で整理・統一がなされました。

　滑る速度は体勢によって変わります。滑るときに上体が後ろに反ればスピードが出て、飛び出したり、前の人にぶつかったりします。上体は後ろに反りがちになるので、意識して前に倒すことが大事です。各航空会社の「安全のしおり」にも記載されています。

　その後も、緊急脱出時の事故が発生しており、けが人も出ているようです。万一、自分が遭遇したときにけがをしないように、「安全のしおり」はよく読んでおきましょう。

　なお、滑り降りるときはスライドに触れないようにします。滑る速度が速いので、やけどしたり突き指したりすることがあるからです。

Column 乗客は飛行中にドアを開けられるのか？

乗客の中には、飛行中にドアを開けようとする人がいます。まったく悪気なくドアレバーに手をかける人もいるようですが、大抵は酔っ払いや自殺志願者などです。

非常に危険な行為ですが、幸いなことに高空では与圧がかかっているので、人の力ぐらいでは開きません。一般的に機内外の差圧は0.6気圧ほどですから、高度1万mでは1m²あたり6tほど、ドア1枚には10t以上の圧力がかかっている計算になります。

ただ、地上や機内外の差圧が小さい低高度では開けられるので、ごくまれに客室乗務員の目を盗んで、ドアを開ける行為に及ぶ人がいます。

大半は出発前の話ですが、機内の空気が淀んでいるので新鮮な空気を入れたいと非常口を開けたり、好奇心にかられてレバーを引いたりした人たちがいました。

飛び降りた人もいます。もし、地上走行中に飛び降りれば、大けがをしかねません。ゆっくり動いているように見えても時速60kmぐらいは出ています。首尾良く地上に降りても、高速高温のエンジン排気ガスで吹き飛ばされたり、車輪にひかれたりして命を落とすこともあり得るでしょう。これは日本の場合、建造物侵入罪になるそうです。高額な損害賠償を求められることもあるでしょう。

つい最近、とんでもないことをしでかした輩がいました。2023年5月26日、着陸間際の韓国アシアナ航空機で非常口のレバーを引いた乗客がいたのです。扉が開いて機内は大混乱したものの、飛行機は無事着陸したのは不幸中の幸いでした。

10-2 貨物機のドアと旅客機のドアの違い

　貨物機のドアは、胴体の横に設けた大きなサイズのものや、機体前部に設けたものなどがあります。珍しいところでは、胴体を2つに折って貨物の出し入れをするような特殊な機種もあります。ドアとはいえないかもしれませんが……。

　ここでは代表的なものとして、日本貨物航空[1]が運航しているB747貨物機（B747F）[2]のドアを紹介します。

　ドアの配置は図10-4の通りですが、大きいサイズの貨物は胴体横の貨物ドアから、長尺ものは機首のドアから出し入れします。

■機首ドアは電動モーターなら2分で上がるが……

　B747Fの機首ドア（ノーズドアは、作動の仕組みがユニークです。機首ドアは、胴体内側左右に取り付けられている太いスクリュージャッキを、電動モーターで回して上げ下げします（写真、図10-5）。2分ほどで

※1：日本で唯一、国際航空貨物輸送を専門にしている航空会社。Nippon Cargo Airlines（NCA）。
※2：日本貨物航空が現在運航しているのはB747-8貨物型ですが、ドアの形状や配置は派生型によって違いはないのでB747Fと表記します。B747Fは胴体のドアに加えて、機首を跳ね上げて飛行機の前方から貨物を出し入れするドアを備えています。

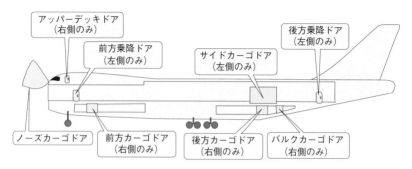

アッパーデッキドア
（右側のみ）

前方乗降ドア
（左側のみ）

サイドカーゴドア
（左側のみ）

後方乗降ドア
（左側のみ）

ノーズカーゴドア

前方カーゴドア
（右側のみ）

後方カーゴドア
（右側のみ）

バルクカーゴドア
（右側のみ）

図10-4　貨物ドアの配置（イメージ）

完了します。

　モーターが壊れて交換部品がすぐに手に入らないときのために、スクリュージャッキを回すハンドルが備えられていますが、人力でやろうとしたら大変な労力が必要です。機首ドアには16個のロックがあり、それのかけ外しに1個につき150回、ハンドルを回さなければならないそうです。**ロックをかけたり、外したりするだけで2,400回も回すことに**なるのです。ドア全体を動かすには多分、**数万回は回すことに**なるでしょう。尋常な話ではありません。しかも左右を同じように回さなければうまくいかないでしょうから、普通は2人がかりで対応することになるでしょう。

写真　B747Fの機首ドア　　写真提供：日本貨物航空

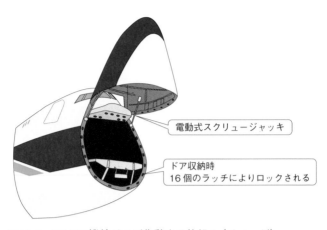

電動式スクリュージャッキ

ドア収納時
16個のラッチによりロックされる

図10-5　B747F機首ドアが作動する仕組み（イメージ）

Column

B747Fの機首ドアを、
たった1人で閉じた人

　日本貨物航空のある海外駐在整備士の話です。10数年前になり
ますが、貨物搭載後に機首ドアを閉めようとしたとき、電動モーター
が故障して修理が必要となりました。ところが、その電動モーター
が壊れることはまずないので、そこに予備の部品は配置されていま
せんでした。日本から取り寄せるには時間がかかります。「出発が
何十時間も遅れてしまう」と見たその整備士は、果敢にも尋常でな
い作業に挑戦したのです。

　彼は1人で頑張りました。想像するに、左右のスクリュージャッ
キを少しずつ、「片方回したら、次は反対側を回す」という作業を続
けたのでしょう。詳細はわかりませんが、その作業を何時間も続け
たと思われます。飛行機の遅れは小幅で済みました。この作業に1
人で挑戦した人は、世界でも他にはいないでしょう。現場にはすご
い人がいるものです。

第11章

危険を回避する
ジェット機の装備や対策

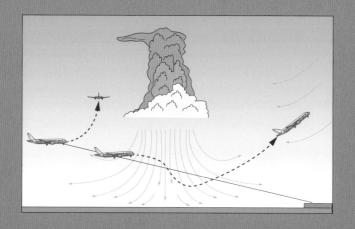

空にはさまざまな危険要因が存在します。飛行機は、
そういう危険要因に遭遇しても安全な状態を継続で
きるよう、さまざまな備えがあります。「危険は予知
して避ける。逃げる」が基本で、安全対策はそれに
沿ったものです。第11章では代表的な不安全事象の
概要や、それらに備える各種システムの機能など解
説します。

衝突防止警報装置
（TCAS：Traffic Collision Avoidance System）

TCASはFAAが使用している名称です。ICAOはACAS（Airborne Collision Avoidance System）を使っていますが、TCASのほうがよく使われます。

TCASは飛行機同士の空中衝突を防止するため、警報を出してパイロットに衝突の危険を知らせるシステムです。管制官も人間なのでミスをすることがあります。特に空港近くの混雑している領域での管制ミスは、大事に至る可能性が高いので、それを防ぐために開発されたものです。

TCASには、周囲の飛行機の存在を表示するだけのTCAS-Ⅰと、上下方向の回避操作指示機能も備えたTCAS-Ⅱがあります。ここでは旅客機に必須のTCAS-Ⅱについて話を進めます。

■TCASの機能

自機から相手機に1秒に1回の頻度で質問電波を出します。返ってくる回答信号をもとに相手機の位置、動く方向および速度から、危険度を判断して、必要に応じて警報を発します。

警報には、他機が比較的近い範囲に存在するものの、危険度はそれほど高くないときに発する注意報（TA：Traffic Advisory）と、危険が迫った場合に発する警報（RA：Resolution Advisory）の2種類があります。前者は警報灯と音声警報によりパイロットの注意を喚起し、後者は警報灯と音声警報で注意喚起するとともに、回避方向（上下）を指示して緊急回避操作を促すものです。

注意報や警報が出る範囲は、他機との距離および高度差によって決められています。その範囲は、自機を中心とした保護領域と呼ばれる球体を、しきい値と呼ばれる垂直距離で上下を切った図11-1のような形をしています。

保護領域は飛行高度によって変化します。低高度では小さく、上空に

行くにしたがって大きくなります。RAの保護領域の半径は低高度で400m弱、高高度で約2kmになっています。しきい値は低高度で約180m、高高度で約240m※です。当然ですが、これらの範囲はTAについてはRAより広く設定されています。

■TCASの指示と人間の判断が食い違ったらどちらを選ぶ？

　人間はミスをします。もちろん、訓練された専門家はそうそう間違えることはありませんが、機械ではないので間違うことがあります。機械も人間が作ったものですから完全ということはありませんが、ミスする確率は格段に低く、人間のように環境に惑わされることもないので、切羽詰まった状況下でも冷静な判断ができます。

　以前、空中衝突の話がマスコミをにぎわせたことがあります。2002年、

※：RVSM対象領域では、約210mに抑えられています。

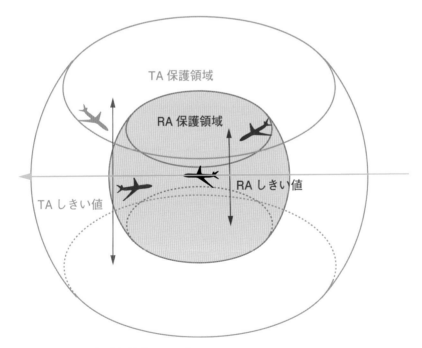

図11-1　TCASの保護領域（イメージ）

ドイツ上空で管制官の指示間違いが引き金となり、ロシアの旅客機Tu-154とバーレーンの貨物機B757が衝突し、多くの犠牲者を出しました。

TCASの指示方向と管制官の指示方向が違ったのですが、片方の飛行機のパイロットはTCASの指示に従わず、管制官の指示に従ったのです。

同様の事例は他にもあります。急激な操作を強いられて、大惨事には至らなかったものの、重傷者を出したケースも出ています。

これらの事例では、本当はTCASの指示に従わなければならなかったのですが、TCASシステムを搭載し始めたころは、それをあまり強くはいわなかったようです。TCASの指示に従わなければならないことを明確にしていた航空会社もありましたが、そうでないところもあったと思われます。

2007年に出された国土交通省の運用の指針には、次のように示されています。

・飛行機衝突防止装置が作動したとき、管制指示とRAの指示が相反する場合であっても、RAの指示に従うこと。
・RAの指示と反対方向の操作は行わないこと。相手機がTCASを装備している場合は、相手機のTCASは自機と反対方向のRA指示を出している。
・可能な限り速やかに管制機関に通知すること。

11-2 地面衝突を防ぐ「地上接近警報装置」
(GPWS：Ground Proximity Warning System)

　飛行中、地上に接近していることに気が付かず飛行して、ついには地面に衝突してしまうことがあります。CFIT (Controlled Flight Into Terrain) と呼ばれています。**自分が危険地帯に接近していることを知らずに突っ込む事故です。**自機の位置がわからなくなる理由は、悪天候などの気象の問題や不十分な航行援助施設、あるいは管制官とのコミュニケーション上の問題（聞き違いや勘違い）などがあります。このような事故を減らすために開発されたのがGPWSです（図11-2）。

■最新の「EGPWS」は「世界ほぼ全域」の地形データを搭載

　このシステムは、降下率が過大になったり、地上に異常接近したり、あるいは離陸直後に高度が低下したりするなど、**通常の飛行状態を逸脱した場合に、警報音と警報灯で、パイロットに危険が迫っていることを知らせるものです。**

　警報は電波高度計の高度およびその変化、気圧高度計（エアデータコンピュータ）の高度変化、着陸装置やフラップの位置、グライドスロープ（後述）からの偏位などの情報をもとに発出されます。このシステムには着陸時に人工音声で高度を読み上げる機能や、ウィンドシアを感知して警報を発する機能もあります。

　1975年、米国でGPWSの装備が義務化され、その後30年ほどかかりましたが、ICAO主導で全世界の旅客機に装備され、CFIT事故の減少に大きく寄与しました。しかし、初期のものは直下の地形の上下方向の変化を見るだけだったので、山肌を縫うようにして飛行するような山岳地帯や、前方に崖のような勾配が急な障害物があるところでは弱く、コロンビアの山岳地帯で事故も起きました。

　その後、複雑な地形にも対応できるようにした強化型 (EGPWS) が開発されました。この強化型には世界中のほぼ全域の地形データが入って

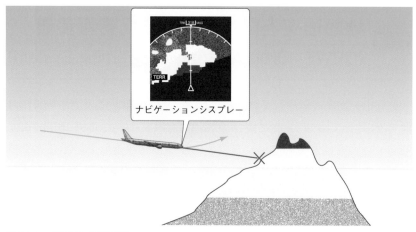

ナビゲーションシスプレー

図11-2　GPWSの警報例

Column

GPWSが役に立った
「全日空61便ハイジャック事件」

　1999年の全日空61便ハイジャック事件では、GPWSが非常に大きな役割を果たしました。飛行機の高度がどんどん下がる中、GPWSが作動したのです。

　移動のためにたまたま客室に搭乗していたパイロットたちは、ハイジャックされたことを知らされて、コックピットの外で様子をうかがっていましたが、「テレイン、テレイン、プルアップ」という警報音を聞いて、「一刻の猶予もならない」と飛び込み、高度を回復させました。

　コックピットでは、切りつけられて操縦不能になった機長の横で犯人が操縦しており、高度は大きく下がっていたそうです。首都圏上空での惨劇でしたが、墜落という大惨事は危機一髪で回避されました。GPWSと飛び込んだパイロットたちを称えたいと思います。

いて、緯度・経度から算出した飛行機の位置と比較して、危険が迫れば警報を出す仕組みになっています。最近の飛行機には強化型が搭載されています。

11-3 「ウィンドシア警報システム」で墜落を防ぐ

着陸速度の項(9-2)で触れましたが、ウィンドシアという現象は非常に怖いものです(図11-3)。特に離着陸時に遭遇すると極めて危険です。最近の旅客機には、ウィンドシアの存在を感知してパイロットに知らせるウィンドシア警報システムが搭載されており、警報が発生したらただちにエンジン推力を上げて機首を引き上げるよう、手順が定められています。先に述べましたが、この機能はGPWSに含まれています。

ウィンドシア警報システムは、飛行機がウィンドシアに遭遇した、あるいは遭遇しそうな場合に、警報音と警報灯でパイロットに知らせるシステムです。回避するための機体姿勢も表示します。

■2種類ある「ウィンドシア警報システム」

ウィンドシア警報システムには、「遭遇したときの機体の変化をもと

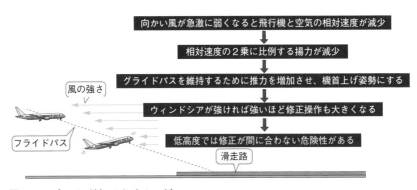

向かい風が急激に弱くなると飛行機と空気の相対速度が減少

相対速度の2乗に比例する揚力が減少

グライドパスを維持するために推力を増加させ、機首上げ姿勢にする

ウィンドシアが強ければ強いほど修正操作も大きくなる

低高度では修正が間に合わない危険性がある

風の強さ

フライドパス

滑走路

図11-3 ウィンドシアのイメージ

に警報を出すもの」と「事前にウィンドシアの存在を予測して警報を出すもの」があります（図11-4）。

前者は実際に速度、加速度、高度等の変化に遭遇し、それらが許容値

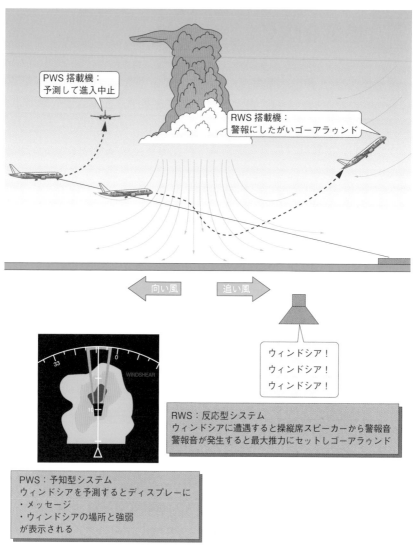

図11-4　ウィンドシア警報（PWS）（イメージ）

を超えたときに警報を発するもので**RWS**（Reactive Windshear System）と呼ばれ、後者はドップラーレーダーで前方の気流の状態を把握して、ウィンドシアに突入する前に警報を発するもので**PWS**（Predictive Windshear System）と呼ばれます。ここではそれぞれ反応型、予知型と訳しておきます。

反応型のRWSはウィンドシアの中に入らなければ検知できないので、「その前にウィンドシアを検知できるものを」と開発されたのが、予知型のPWSです。レーダーで前方のウィンドシアを予知し、ウィンドシアに突入する前に音声とディスプレーで警報を発して、パイロットに回

Column

マイクロバースト＋ウィンドシアはヤバい！

「シア」とは「剪断」という意味です。ウィンドシアは風速や風向がずれるように変化することを表しています。一般的に急激な変化に対して用いられます。

ウィンドシアは積乱雲、寒冷前線、雷雨、マイクロバースト、あるいはジェット気流などの近辺で発生します。風速や風向の急激な変化は、揚力の急な変化をもたらすので、機体の姿勢や高度の維持が難しくなり、パイロットに取っては非常に怖いものです。中でもマイクロバーストに起因するものは気流の変化が激しく、最も怖いものの1つです。

マイクロバーストは地上に向かって吹き降ろす非常に強い空気の柱で、ダウンバーストと言われることもあります。この空気の柱は地上にぶつかると水平に広がるので、飛行機のコースによっては向かい風になったり、追い風になったりして、揚力を急激に変化させることがあります。

避操作を促します。予知型は反応型の機能も持っているので、ウィンド
シアに突入した場合は反応型と同じように警報を発します。予知型は
20年ほど前には装備が始まっているので、最近の飛行機にはこれが装
備されているでしょう。

　なお、ウィンドシアやマイクロバーストなどは、地上からも監視して
います。多くの空港には低層ウィンドシェア警報システム（LLWAS：
Low Level Windshear Alert System）が配備されており、急激な風の変
化が感知されたら、管制からパイロットに警報が出されます。

Column

計器着陸に欠かせない
グライドスロープ（GS）

　計器着陸システム（ILS）の一部で、滑走路横に設置されたGSアン
テナから上下方向に広がるUHF電波を発して、適正な降下経路を示
します（図11-5）。グライドパス（GP）ともいわれます。滑走路に向
かう飛行機の計器には、適正な経路からの上下方向のズレが示され
るので、パイロットはそれを見てズレを修正しながら滑走路に向か
います。

　GSは縦方向ですが、横方向のズレも確認する必要があります。
それを示すものはローカライザー（LOC）と呼ばれています。仕組
みは同じで、滑走路の反対側に設置されたLOCアンテナから横方向
に広がる電波を出します。

　GS、LOCおよび滑走路からの距離を示す3種類のマーカーの3つ
でILSを構成します。

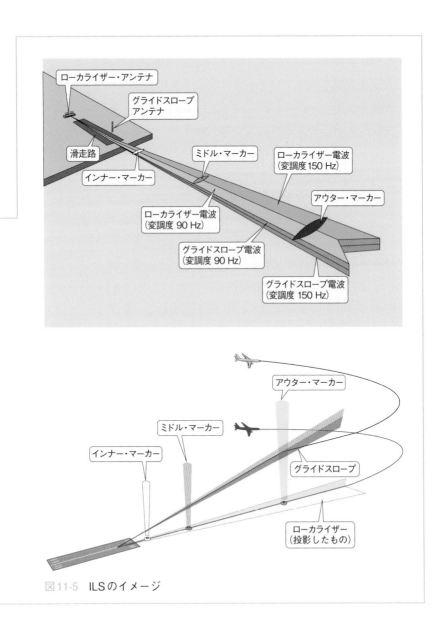

図11-5　ILSのイメージ

11-4 ジェット旅客機に落雷しても大丈夫なのか？

　地震、雷、火事、親父——これらは昔から「世の中で怖いもの」の代表でしたが、親父については今やすっかり牙を抜かれてしまいました。今でも健在な他の3つの中で、飛行機の運航に関わりの深い落雷に関連して解説します。

　飛行機に乗っていて落雷に遭った経験を持つ人は、そう多くはないと思われますが、飛行機にも雷が落ちます。飛行機が雷雲と雷雲の間、あるいは雷雲と地上との間にあるときに被雷します。実際に飛行機が被雷するシーンも何度となく撮影されています。大抵の場合は何事もないのですが、ごくまれに機体がダメージを受けることもあります。

　飛行中、機体と空気やちり、あるいは氷の粒などとの摩擦で、飛行機には**静電気**が発生します。雷雲の中、あるいは雷雲と地上との間に形成された電界の中に、帯電した飛行機が入っていくと、それが引き金になって飛行機への落雷が発生します。これを**誘発雷**といいます。さほど強くない電界であっても被雷することがあります。飛行機には翼端などの尖った部分があるので、放電の道ができやすくなるのでしょう。

　ところで『Journal of JWEA』内の連載「技術情報」によれば、被雷そのものは、ほとんどが高度6 km以下で発生していて、高度3 kmあたりを境にして、それより高いところでは雲 — 飛行機 — 雲（雲放電）が（図11-6）、低いところでは雲 — 飛行機 — 地上（対地放電）（図11-7）がより多く発生しているそうです。

　示されている日本の被雷件数をもとにしたデータからは、高度5 km（約16,000 ft）付近と1 km（約3,300 ft）付近に被雷のピークがあること、また、夏季は5 km付近に、冬季は1 km付近にピークがあることが読み取れます。落雷の状況は地域によって異なるでしょうが、日本の場合、夏季は上昇中や降下中の15,000 〜 16,000 ft付近で雲放電の関門が、冬季は特に日本海側で離陸直後や着陸直前の3,000 ft前後に対地放電の関

門が、飛行機にはありそうです。

　条件によっては、雲下部と地表で帯電状況が「逆になる」こともあるそうです。

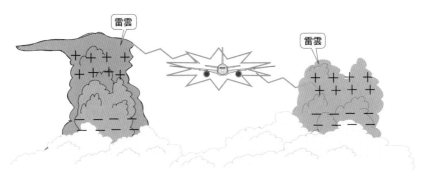

図11-6　雲放電、雲中雷撃

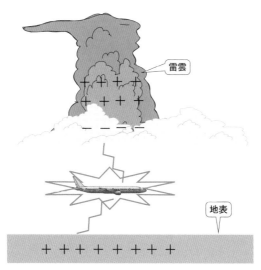

図11-7　対地放電、対地雷撃

■一番の被雷対策は「雷に遭わないようにすること」だが……

落雷の影響は、さまざまな形で現れます。電流による金属の溶融や固着、電磁波干渉による電子機器類への影響、熱による変形、燃料タンク近辺でのスパークなど多岐にわたります。

具体的には、可動部のヒンジやベアリング、レドーム、操縦室窓、アンテナや電子装備品、計器類、燃料系統への影響が大きいでしょう。

過去には、操縦不能になったり、燃料タンクに火が入って爆発したりしたことがありました。60年ほど前、パンアメリカン航空のB707の燃料タンクに火が入って事故になったことがあります。その10数年後にも、イラン空軍のB747が、被雷が原因と思われる事故を起こしています。

そのような歴史をふまえていろいろな対策が施され、今の安全があります。もちろん、今でも自然界は侮れません。

一番の被雷対策は、雷に遭わないようにすることです。気象レーダーで雷雲(特に積乱雲)の存在を検知して、そこを避けたり、逃げたりします。雷多発地域にある空港では、小松空港のように**雷探知装置を設置**して、その情報を運航者に提供しているところもあります。

JAXAでは、被雷しそうな気象状態を事前に察知する**被雷危険性予測技術**の研究が進められ、ごく最近、被雷予測エリアの可視化に成功したという報告がされています。

しかし、そういう対策が進められて状況が改善したとしても、被雷を避けきれないケースは残るでしょう。不幸にして被雷しても機体の損傷を招かないよう、飛行機そのものへの対策が欠かせません。

●昔からいろいろと講じられてきた機体の被雷対策

機体の被雷対策は、昔からいろいろと講じられてきています。主な被雷対策を並べてみます。

・静電放電索(スタティック・ディスチャージャー)の装備
　機体に溜まった静電気を逃がして、被雷のリスクを低減する(図11-8)。
・翼と動翼の間を導線で連結
　落雷による大電流が翼と動翼の間で起こすアーク放電を防いで、そ

れによる固着を防止する。

・燃料タンク近辺の発火源となりそうなものを隔離

　スパークによる発火を防止する。

・燃料タンクへの不活性ガスの封入

　燃料への引火を防止する。

・レドームへの導電用金属 (ライトニング ストラップ) の設置

　落雷時の電流を機体側に逃がして、レドームの破壊、損傷を防止

　する (図11-9)。

・電気配線のシールド

　電磁波干渉を防止する。

　近年多用されるようになった**複合材**には、内部に大電流が流入すると、高熱を発して構造部材が大きなダメージを受ける弱点があります。それを防ぐため、**金属製の薄いメッシュやフィルムを表面に張り付けるなどの対策**がとられているようです。ただ、張り付けた導電材の容量が不十分だと、電流が構造部材内部へ流入して部材を破損させることがあります。A350の構造部材破損事例の原因について、航空会社と機体メーカーとの間で係争になっているというニュースも最近、流れました。

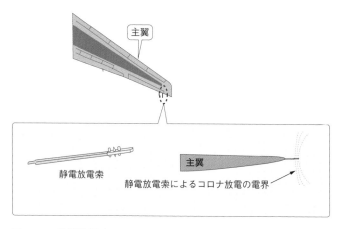

図11-8　静電放電索のイメージ

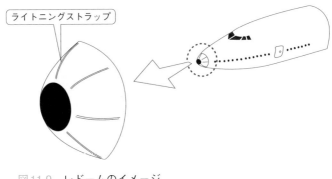

図11-9　レドームのイメージ

　なお、炭素繊維材の基盤になる**導電性を持つ高分子材料の研究**も進められているので、近い将来、**複合材の導電性を気にする必要がなくなる**かもしれません。

　JAXAでは被雷による損傷を少なくするための被雷防御技術や、被雷位置をコントロールする技術などの研究開発が進められています。

■飛行機が墜落したり、乗客が感電したりすることはない

　飛行機に雷が落ちたらどうなるでしょう？　先述の通り、被雷しても飛行に差し支えないよう、飛行機には構造上の対策が施されているので、**飛行の安全が脅かされるような状態になることは、まずないでしょう。**

　まれに衝撃が走ることもあるようですが、大抵の場合は操縦室窓に閃光が走って、一瞬、目の前が真っ白になる程度ですんでいます。

　雷の電流は機体の外側を走るので、機内にいる人に危害が及ぶことを心配する必要はなさそうです。機体へは外板に直径1mmほどのわずかな痕跡を残すことがありますが、大事に至ることは、まずありません。

　ただ、被雷した場合は到着後、整備士が点検して「問題ない」ことを確認しなければならないので、次便の出発が遅れたりして、運航に支障が出ることはあります。

●冬の日本海沿岸は世界でも有数の「雷地帯」

　落雷は冬に多いということをご存じでしょうか？　「雷は夏」という イメージがありますが、実は冬、特に**日本海側で被雷する**ことが多いの です。航空会社は、被雷した場合、パイロットに報告を求めていますが、 冬の被雷報告も少なくありません。

　「冬季雷」とか「雪雷」というようですが、その**静電エネルギーは夏の 雷（夏季雷）の10～100倍ある**というデータもあります。上空に強い寒 気が入ってきたときに起こる対流で生じる**非常に強い電荷エネルギーが 雷を発生させる**そうです。

　冬の雷は日本海沿岸とノルウェーの大西洋岸、あるいは米国五大湖の 東側などで発生する特異な現象で、中でも**日本海沿岸は世界でも有数の 雷地帯**のようです。

●落雷で滑走路に穴が空いて一次閉鎖されたことも

　地上への落雷では、**滑走路やランプへの落雷による運航阻害**や、**地上 で働く人たちの安全への影響**も気になるところです。

　2016年6月、滑走路に落雷により空いた可能性のある複数の穴が宮崎 空港で見つかり、滑走路が一時閉鎖されました。

　地上の人が雷に打たれたり、近くの飛行機が損傷を受けたりすること もあり得ます。非常に危険なので、**空港では雷雲の状況を観測して、必 要に応じて注意報や警報を発しています**。危険な状況が近づいたら、屋 外で作業している人たちは、何はさておいても待避しなければなりませ ん。雷が去るまで運航は中断です。

Column

飛行中のジェット旅客機で
ドアが吹き飛んだ？

　2024年1月、アラスカ航空のB737-900で「ドアが吹き飛んだ」という驚きの報道がありました。

　NTSB（米運輸安全委員会）の暫定報告書によると、吹き飛んだのはドアを取り付けられる構造部に施されていたプラグ（ふた）でした（ドアとしては使われていなかった）。上昇中、高度4,500mを過ぎたころ、このプラグが数秒たらずで吹き飛んだようです。上空で機内外の気圧差が大きくなり、強度がもたなくなったものと考えられます。この事故を検証した結果、プラグ4隅のボルトなどがついておらず、機体製造時のミスだろうと推測されています。

　なお、同型機を運航している航空会社はFAAの指示を受けて緊急に点検しているので、今後、同じ事故が起きることはないでしょう。

ジェット機の性能を高める
複合材料

性質の違う材料を一体的に組み合わせたのが複合材料です。ジェット旅客機では炭素繊維や炭化ケイ素（SiC）繊維などを用いたものが主力となりつつあります。これまでの金属材料に比べて軽量で高強度の材料は、飛行機の性能を高めます。第12章ではいろいろな複合材の概要を解説します。

12-1 今や機体の50％が複合材料！

　民間航空が始まってこの方、飛行機の材料は**アルミ合金**が主流でした。しかし、軽くて強い材料の研究が進み、アルミ合金の割合は徐々に減っています。最新の飛行機、ボーイング社のB787、エアバス社のA350では、**複合材料が50％**を占めるまでになっています。

　中部航空宇宙産業技術センターの資料によると、2010年代に運航を開始したB787（写真1）およびA350（写真2）に使用されているアルミ合金の割合は、どちらも約20％に落ちています。一方、複合材の割合はそれぞれ50％、52％まで増えています。B787では主翼や尾翼、胴体あるいはエンジンのファンケースなどにまで、複合材料が使われるようになっています。機種によっては、**キールビーム**（機体全体を支える構造物。竜骨）のような構造部材にも使われているようです。

　1980年代に運航開始したB767やA320では、アルミ合金がそれぞれ79％と68％で、複合材の割合は3％と15％でしたが、30年ほどで様変わりしました。複合材料の比率は、今後ますます増えていくでしょう。

●軽くて強い「炭素繊維強化プラスティック」
（CFRP：Carbon Fiber Reinforced Plastics）

　飛行機に使用される代表的な複合材料が**炭素繊維強化プラスティック**（CFRP）です。自動車の部品やゴルフクラブ、釣り竿などの材料にもなっています。

　飛行機に使われるCFRPは、ポリアクリルニトリルという繊維を焼いて作った炭素繊維を、編んだり、織ったりして形作ったものに、プラスティック樹脂を染み込ませたものです。その優れた特徴から**アドバンストコンポジットマテリアル**（先進複合材料）と呼ばれています。

　JAXAの資料によれば、炭素繊維は比重が鉄の約4分の1と軽く、単位重量あたりの強度は、鉄の約10倍にもなるということです。仮にB767をB787と同じ構造材料で作ったとしたら、**機体の重量を20％**も

写真1　B787。複合材の割合は50％

写真2　A350。複合材の割合は52％

軽量化できるという話もあります。

　空を飛ぶ飛行機にとって、軽くて強い材料は強い味方です。軽量化できれば、燃料消費量を抑えたり、乗客や貨物を余計に積んだりできるからです。そのほかにもいろいろなメリットがあります。

メリットの例

・耐食性に優れる（さびない）ので、客室内の湿度を上げて快適性を増すことができる。
・疲労特性が良いので、整備の間隔を伸ばせる。
・部品を一体で作ることができる。
・耐摩耗性、耐熱性に優れている。

　しかし、次のようなデメリットもあります。

デメリットの例

・製品が高価である。
・傷が付いた場合など、修復に特別な技術が必要。
・熱による変形が小さいので、金属部分との接合に特別な技術が必要。
・圧縮に弱い。
・耐用年数が不明確。
・リサイクルが難しい。

　もちろん、これらを克服する努力は続けられていくでしょう。

12-2 エンジンに使う複合材料は 1,300℃以上に耐えるものも

エンジンの作動環境は過酷です。超高温・高圧に耐える材料が求められますが、エンジンの性能が向上するにしたがって、その作動環境はますます厳しくなっており、材料に求められる要件も厳しさを増しています。

●セラミックス基複合材料（CMC：Ceramic Matrix Composites）

セラミックスベースの複合材料です。これまで用いられてきたニッケル合金に取って代わる材料になり得るとして注目を集めています。現在、低圧タービンに加えて、最も過酷な環境にさらされる高圧タービンや燃焼器部への適用についても研究が進められており、今後、ジェットエンジンの材料は大きく変わるでしょう。

CMCは、セラミックスの母材（マトリックス）と繊維（ファイバー）でできた複合材料です。セラミックスには炭化ケイ素（SiC）が使用されますが、酸化アルミニウム（アルミナ Al_2O_3）が使用されたものもあるようです。従来のニッケル合金と比べて、**重量は3分の1ほどで、強さは2倍、耐熱温度は2割ほども高い**ということです。

GE社の情報によれば、1,300℃を超える燃焼温度に耐え、多くの合金が溶解し始めるような高温でも使用可能とのことで、「夢の素材」との呼び声も高い材料です。

飛行機エンジンの最大手GEアビエーションは、次世代エンジンの総責任者が「これまでにない価値を持つ材料。耐熱合金の世界を一気にたたき壊すかもしれないほどのインパクト」と注目し、B737MAXに使用されるLEAPエンジンや最新のGE9Xなどに採用し始めました。CMCの活用で「ジェットエンジンの推力を25％向上させ、燃料消費を10％削減する」としています。

これまで耐熱、高強度が求められるところに使用されてきた合金が駆逐されるかもしれません。

●SiC繊維は日本カーボンと宇部興産の2社しか作れない

　ただ、このSiC繊維を作るのは非常に難しく、この材料を手掛けられるのは現在、世界で日本カーボンと宇部興産の2社しかありません。2社は世界の競合他社があきらめる中、困難を極める開発を長年続けてきて、その努力がようやく日の目を見たのです。「あっぱれ」でしょう。その果実は途方もなく大きなものになるかもしれません。

　GEアビエーションが選んだのは日本カーボンでした。仏国エンジン大手のSAFRANとともに「三顧の礼」をもって日本カーボンを迎え入れ、3社で富山市に合弁会社を設立しています。米国でも工場を2か所に建設して、生産を始めているようです。

　宇部興産もIHIなどと一緒に後を追っています。また、東ソーがアルミナを用いたCMCの研究・開発を行っているという情報もあります。進捗はわかりませんが、すでに実用化の段階に達しているのではないでしょうか。

　CMCを使った製品開発競争が始まっています。日本は「素材には強いが、製品開発は遅い」ともいわれるので少々気がかりです。

　複合材の分野では、素材を作る日系の企業が気を吐いています。CFRPでは東レ、東邦テナックス、三菱ケミカル（旧三菱レイヨン）で世界シェアの7割を占めているそうです。先述しましたが、SiC繊維は日本の2社が先行しています。チタン合金も神戸製鋼などが、生産を増やす努力をしているようです。

第13章

ジェット機を彩る機体塗装

現代の空港ではさまざまに塗装された飛行機が行き
かい、華やかな雰囲気を醸し出しています。機体の塗
装はライベリー（制服、装い）とも呼ばれ、航空会社
が自社を世間にアピールするツールでもあり、独自
のデザインを誇示しています。第13章では、機体塗
装の本来の目的や塗装方法などについて解説します。

13-1 見る人の目を楽しませる 華やかな機体塗装

　最近は空港に、機体をキャンバスにして、凝ったロゴマークやキャラクターあるいは人の顔などを描いたりした旅客機が並んでいます。これまでに、国民的キャラクターや有名映画、人気タレント、人気アニメ、はたまたジンベイザメやウミガメなど、数えきれないほどの機体塗装が空港を彩ってきました（写真）。

　このブームのはしりは、1993年に運航を開始したANAのマリンジャンボ（B747-400）でした（図13-1）。同社の募集に応募した女子小学生が描いた「海の動物たち」のデザインが採用され、大きな話題になりました。マリンジャンボ目当ての乗客も多かったようで、塗装にあたったボーイング社の技術者たちも楽しんだそうです。

　それ以前には、米国のサウスウエスト航空が水族館の宣伝用にシャチを描いたB737型機を飛ばしていたようですが、ブームになるほどの話題にはなりませんでした。

写真　A380に施された「ウミガメ」の機体塗装

図13-1　マリンジャンボ

■今は無塗装の機体を見かけないワケ

　塗装の本来の目的は**機体の保護**です。飛行機は、風雨、雪氷、紫外線やオゾン、ときには火山灰、さらには排気ガスやオイルなどにさらされる環境下で使用されます。空中に漂うちりなどの衝突も気になります。これらの影響で、アルミ合金でできた機体外板が腐食したり、傷付いたりするのを防ぐ必要があります。

　そのため塗装には、浮遊するちりによる摩耗や厳しい温度差、上空で特に強くなる紫外線などによる劣化に耐えることが求められます。胴体の膨張や縮小に耐える伸縮性、特殊な油などへの耐性のほか、エンジン周りでは耐熱性も求められます。

　燃料の値段が高騰したオイルショックのころは、航空会社のロゴ以外はまったく塗装しないピカピカの飛行機もありました。外板の表面を研磨したポリッシュド・スキンといわれる状態のまま、塗装なしで使用されていたのです。貨物機でよく見かけましたが、**可能な限り機体を軽くして燃料を節減すること**が目的でした。

　塗料の重さは、塗る程度によりますが、大きな飛行機では200 kgはあります。相当な重さですから、その分を軽減できれば、燃料節減効果は有意なものになるでしょう。

　大抵の飛行機の外板には**アルミクラッド板**というものが使用されています。アルミニウム合金に、薄い**純アルミニウム**が貼り付けられたものです。純アルミニウムは腐食に強いことから、無塗装も可能でしたが、

いつの間にか姿を見なくなりました。オイルショックが収まって燃料の値段が下がった（削減できる燃料コストが小さくなった）ことや、ポリッシュド・スキンの維持コストが相対的に高くなったことがあったのでしょう。

会社をもっとアピールできるデザインにしたのかもしれません。また、外板に複合材が使われた飛行機が増えてきたことも、無塗装が少なくなった要因としてありそうです。

■塗り替えは6〜8年に1回、1回でドラム缶3本分も使う

従来の塗装は下塗り、中塗り、上塗りの3層でした。下塗りはさび止めの塗料（防錆剤）ですが、最近は薬剤を使って外板に被膜処理（化成被膜処理）を施すのが一般的なので、防錆剤塗布を省くようになっているようです。

整備会社への日本経済新聞の取材記事によると、塗装は6〜8年に1回塗り替えられ、使われる塗料の量は200〜400 kgにもなるそうです。ある航空会社のサイトでは、塗る厚さは50 μm（マイクロメートル：1000分の1 mm）ほど（図13-2）で、塗料の量は、B747でドラム缶3本分（約600 L）になると紹介されています。

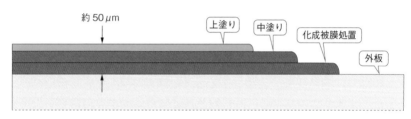

約50 μm　上塗り　中塗り　化成被膜処置　外板

図13-2　外板塗装のイメージ

Column なぜ純アルミニウムは腐食に強い？

　アルミニウムが酸素と結合して、その表面に薄い酸化アルミニウムの被膜が形成されると、それ以上は酸化（腐食）が進みません。酸化アルミニウムの被膜より内側のアルミニウムは酸素から守られることから、「アルミニウムには耐食性がある」といわれます。飛行機では研磨剤で外板を磨くなどして、アルミニウム表面に酸化被膜を形成させる手法が採られており、磨かれた外板が先ほどのポリッシュド・スキンです。

13-2 塗装方法の進化

　塗装の方法が進化して、飛行機の軽量化や整備の省力化、コスト削減につながる新技術が生まれています。

●**塗料の時代からインクジェットで印刷したフィルムの時代へ**

　数年前まで、キャラクターやアイドルなどの絵柄は、すべて塗料で描かれていましたが、最近では塗料の代わりになる**デカール（シール）**が開発され、使われるようになってきました。ラッピング、ステッカーなどとも呼ばれています。

　インクジェット印刷を施したフィルムを機体に貼ることで、塗料に代えています。そのフィルムは速度、気圧、気温差などが極限の環境でも**変化に耐え、はがれない特殊な**ものです。塗料をデカールに代えれば作業時間が短縮されて、大幅に作業を改善できます。

　空港ではキャラクターたちを描いた飛行機が行きかってにぎやかですが、これらもデカールのお世話になっているようです。

●機体に直接塗装できるインクジェット技術もある！

　エアバス社は、日本の塗装会社であるリコーデジタルペインティング社（旧エルエーシー）のインクジェット技術を利用した、**飛行機プリンター**を採用しているそうです。リコーデジタルペインティング社のウェブサイトによると、さまざまな素材のカーブや凹凸のある面に直接ペイントできるインクジェット方式のペイントロボットを開発しており、飛行機の胴体や尾翼に印刷できるロボットへも進化させています。

　航空会社でも使用できるようになれば、人手のかかる飛行機の塗装作業を機械化でき、省力化、コスト削減につながるでしょう。

参考：山王テクノアーツ（https://www.sanno-ta.com/）

Column

世界一軽い塗料で、500 kgが 1.3 kgで済むように !?

　米国セントラルフロリダ大学（University of Central Florida）の学者たちが、ナノメータレベルの微細加工技術を使って、とんでもなく軽い塗料を開発したそうです。2023年3月8日付の科学誌『Science Advances』に掲載された内容です。

　それによると、従来の塗料の400分の1ほどの重さになるそうで、この技術を使えば、B747に必要な塗料500 kgが1.3 kgで済むということです。世界一軽い塗料だと述べています。

　先述した「燃料消費量に影響を与える要因」の項（6-2）で使用したFAAのデータに基づくと、運航距離5,000 nm（約9,260 km）では約200 kgの燃料削減、約630 kgのCO_2排出削減になります。もし、これが実用化され、全世界で採用されたら、環境改善に大きく貢献するでしょう。

第14章

運航前の準備作業
「飛行計画」の秘密

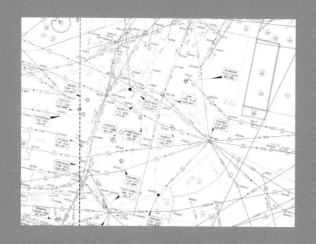

飛行計画は、出発前の準備作業です。飛行ルートや高度の選定、気象状況、乗客数や貨物量などを確認した上で、重量や燃料の計画、重心位置を確認します。第14章では飛行計画の概要、必要な技術情報、重量算定の基準などについて解説します。

14-1 運航に欠かせない「飛行計画」

　飛行機が運航するときは飛行計画が欠かせません。飛行計画は重量計画、燃料計画、重心位置の確認からなっています。運航管理者（ディスパッチャー）が、気象予報や航空路あるいは空港に関して、各国が告知する情報「ノータム」などを考慮して、飛行ルートや飛行高度を選定し、その便の旅客数や貨物量をもとに、ゼロ燃料重量、必要搭載燃料量、離着陸重量などを算定して飛行計画の案を立てます。飛行ルートは通常、最短ルートが選定されるでしょう。重心の位置も確認します。

　飛行計画案がまとまったら、気象、ノータム、選定した飛行ルートや飛行高度などの情報と合わせて、運航乗務員にブリーフィングし、機長は必要に応じて計画の修正を求めます。機長と運航管理者が合意して署名すれば、飛行計画が決まります。これがカンパニーフライトプラン（または飛行実施計画）といわれるものです。

　カンパニーフライトプランには、航空法で航空交通管制機関に提出することが義務づけられているATSフライトプランと呼ばれる情報も含まれています。

❶カンパニーフライトプラン

　カンパニーフライトプランには、計画重量、計画燃料量、計画高度、距離、その他、飛行するルートの概略や飛行機の情報などが示されています。

　以下に代表的な項目を並べてみます。なお、カンパニーフライトプランに付属するナビゲーションログには、飛行ルート上に設定されたポイントの位置やそこの気温、風速、ポイント間の飛行高度や方位、飛行時間、速度、燃料消費量など、細かな情報が示されます。

■計画重量

　出発において予定される重量です。フライトプランに示される計画重

量には**離陸重量、着陸重量、ゼロ燃料重量**があり、それらは**運用空虚重量（OEW）、乗客の数（重量）、貨物重量、搭載燃料量**をもとに算出されます。なお、離陸重量、着陸重量、ゼロ燃料重量には、それぞれ機体強度や性能により許容される最大の重量があり、それを超えられません。これを確認するために、それぞれに対する**最大許容重量**が併記されます（図14-1）。

計画重量	・離陸重量
	・着陸重量
	・ゼロ燃料重量
最大許容重量	・最大許容離陸重量
	・最大許容着陸重量
	・最大許容ゼロ燃料重量

●最大許容離陸重量

次の各制限重量の最大値のうち、最も小さい重量が最大の許容離陸重量になります。

- ・機体強度上、許容される最大離陸重量
- ・離陸性能や離陸上昇性能の要件を満足できる最大離陸重量
- ・最大許容ゼロ燃料重量＋搭載燃料重量
- ・最大許容着陸重量＋消費燃料

●最大許容着陸重量

次の各制限重量の最大値のうち、小さい重量が最大の許容着陸重量です。

- ・機体強度上の許容される最大着陸重量
- ・着陸性能や進入復行、着陸復行などの要件を満足する最大着陸重量

●最大許容ゼロ燃料重量

- ・燃料を搭載しない状態で、機体強度上、許容される最大の重量

離着陸性能などについては、次の14-2で触れます。上述の離陸重量は、離陸のため滑走路端に位置したときの重量なので、ゲートから滑走路ま

211

で地上走行(タクシー)するための燃料の重量は含まれていません。ゲートを出発するときの重量は、タクシー用燃料が追加搭載された重量になり、**タクシー重量**といいます。タクシー重量にも機体強度上の制限があり、事前にチェックされます。

●運用空虚重量（OEW）

FAAの基準（AC 120-27F）によると、OEWは機体そのものの重量に、下記項目の重量を加えたものとなっています。

・座席、緊急用品、ギャレー、トイレの水、エンジンオイルや抜き取れない燃料などの、機体に付属するもの。
・乗務員、その機内持ち込み手荷物、運航マニュアル、乗客サービス用備品、食事や飲み物、緊急用装備品など、運航に必要なもの。

OEWは機体ごとに決まっており、定期的に計測、更新されます。OEWに搭載燃料の重量と乗客、手荷物、貨物などの有償荷重の重量を加えたものが離陸重量です。

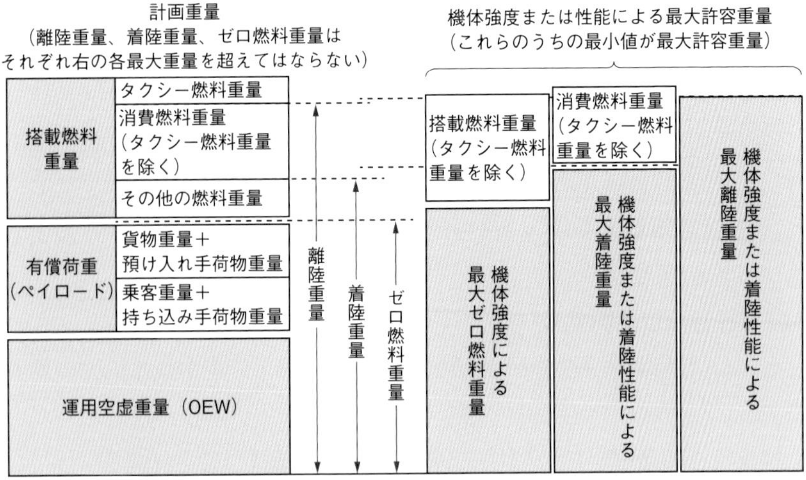

計画重量
（離陸重量、着陸重量、ゼロ燃料重量は
それぞれ右の各最大重量を超えてはならない）

機体強度または性能による最大許容重量
（これらのうちの最小値が最大許容重量）

搭載燃料重量
・タクシー燃料重量
・消費燃料重量（タクシー燃料重量を除く）
・その他の燃料重量

有償荷重（ペイロード）
・貨物重量＋預け入れ手荷物重量
・乗客重量＋持ち込み手荷物重量

運用空虚重量（OEW）

離陸重量　着陸重量　ゼロ燃料重量

搭載燃料重量（タクシー燃料重量を除く）

消費燃料重量（タクシー燃料重量を除く）

機体強度による最大ゼロ燃料重量

機体強度または着陸性能による最大着陸重量

機体強度または着陸性能による最大離陸重量

図14-1　計画重量と最大許容重量の比較

●有償荷重の重量

　有償荷重には**乗客とその手荷物および一般貨物**があり、一般貨物の重量は実測されます。

　手荷物は、**機内持ち込み手荷物**と**預け入れ手荷物**があり、機内持ち込み手荷物は、乗客重量に含めて取り扱われます。

　国内線では通常、持ち込み手荷物重量を含む乗客重量（以下、乗客重量）と預け入れ手荷物のどちらにも**標準重量**が用いられます。手荷物の標準重量は7kgとされています。国際線では標準重量を乗客重量に用いることが認められますが、量が多く、重量も大きい預け入れ手荷物の重量は、原則実測とされています。

■乗客重量（機内持ち込み手荷物重量を含む）

　乗客重量の標準重量は国土交通省航空局の文書に示されており、条件によって細かく決められています。代表的な標準重量を示します。

国内線：夏期（5 〜 10月）は68kg
　　　　冬期（11 〜 4月）は69kg
　　　　子供は32kg
　　　　（3歳以上12歳未満に適用。3歳未満は大人の重量に含む）
　　　　（上記重量は男女の区別をしない場合の重量。区別する場合や南西諸島地域などを発着する場合は別に設定）

国際線：男女の区別はなく、行き先により区別される。
　　　　アジア地域：夏期は68kg、冬期は70kg
　　　　欧州・北米地域：夏期は70kg、冬期は73kg
　　　　（子供は国内線と同じ）
　　　　（他に太平洋リゾートなどの地域についての設定もある）

　体の大きさが違うので当然ですが、標準重量は国によって異なるようです※。同一国でも、年とともに乗客やその持ち物は変化するでしょう

※：米国では、国が定めていた標準重量をやめて、航空会社に決めさせ、それを承認する仕組みにしているという話もあります。そうであれば航空会社によって異なることになります。　213

から、標準重量は適宜見直されるものと思われます。

標準乗客重量が不適当と思われる団体乗客は、実重量を実測か聞き取りで確認する必要があります。

乗務員は、国内国際を問わず機内持ち込み手荷物の重量を含めて、運航乗務員が84 kg、客室乗務員が64 kgとなっていますが、これらは先述の運用空虚重量（OEW）に含まれます。

●**標準重量から大きく外れた乗客は実測する**

乗客の体重を実測すれば正確な値を得られるので「そうすべき」という議論もあるようですが、多くの乗客を1人1人量るのは、現実には容易ではありません。

今の技術なら手間もかからずにすばやく計測や集計ができそうですが、何せ相手は人間です、体重計に乗るのを嫌がる人もいるでしょう。「そんなに重いはずはない。体重計が間違っている」と食ってかかる人や「人権問題だ」と言い出す人が現れそうな気もします。

そうはいっても、標準重量から大きく外れるような人たちの団体は安全余裕を超える可能性があるので、実測せざるを得ません。実際にサモアなど体格が良い人が多い国やその国への路線を有している航空会社の中には、**実測しているところもあるようです**。日本でも相撲取りの団体などは実測することになるでしょう。

ごく最近、ニュージーランド航空が「国際線乗客重量を実測する」というニュースがありました。「乗客が了承すれば」ということで、あくまで任意ですが、**搭乗前に機内持ち込み手荷物を持ったまま体重計に乗ってもらうようです**。乗客の重量は本人以外にはわからないようにすると念押ししています。その会社は、国内線ですでに2021年から同様の運用をしており、それを今回、国際線にも適用することにしたそうです。

●**隣が巨漢で自分の座席に座れない!?**

たまに巨漢の乗客が隣に来て、大迷惑したというニュースが流れます。10年ほど前ですが、米国の航空会社で男性乗客が、隣に座った肥満の乗客に自席の半分を占領され、着陸まで7時間、ほぼ「立ちっ放し」になったというニュースが流れました。

その航空会社の内規では、肥満の乗客を「隣が空いている席に案内する」か「2席分を買ってもらう」ことになっているそうですが、その便は満席だったので旅客係員が詰め込んだようです。FAAの規定にも違反していました。

また、5年ほど前には英国の航空会社で、隣の席の乗客に長時間圧迫されて負傷したというニュースもありました。

肥満の人が多い国では、似たような話がときどきニュースになっています。

■計画燃料量（必要搭載燃料量）

フライトプランには、離陸重量をもとに算定された次のような項目の燃料量と、それを消費する時間が表示されます。

・消費燃料量（Burn-off Fuel：BOF）

目的地まで航行するための燃料量。

・補正燃料量（Contingency Fuel：CON）

飛行計画で想定しきれなかった状況に備えるための燃料量。航空法でいう「不測の事態を考慮した燃料量」です。

・代替空港に向かうための燃料量（Alternate Fuel：ALT）

気象条件の急変などで目的地空港に着陸できない場合、そこから代替空港へ航行するための燃料量。目的地空港に進入した後、着陸できない状況が発生した場合に着陸をやめて上昇する（ミストアプローチ）ための燃料量も含まれます。気象条件などにより、代替空港は2か所選定されることもあります。

・予備燃料量（Reserve Fuel：RSV）

代替空港の上空で待機するための燃料量。450 m（1,500 ft）の高度で30分待機することが求められています。

・上記燃料量の合計（Required Fuel：REQ）

　航空法で定められている最低限の必要量です。

・タクシー燃料量（Taxi Fuel：TAX）

　先述のゲートから滑走路までのタクシーに要する燃料量。法的には求められませんが、現実にはゲートから滑走路に到達するまでに要する燃料量を省くわけにはいかないので、その分は搭載します。着陸後のタクシーに要する燃料量を加えることもあります。

・補備燃料量（Extra Fuel：EXT）

　必要に応じて追加する燃料量。目的地や航路上の天候、あるいは管制の混み具合を考慮した上で、運航乗務員と運航管理者が必要と判断した場合に搭載します。

・全搭載量（Fuel On-Board：FOB）

　これが最終的に搭載される燃料量です。FOBと略されます。

■技術革新で変わる「補正燃料量（Contingency Fuel）」

　以上の項目の中で補正燃料量は、時代とともに変化する機材や運航環境に伴って要件が変わってきているので、経緯を解説しておきます（図14-2）。

　もともと補正燃料量は、航法計器の精度や信頼性あるいは気象予報の精度が今ほど良くなかったときに設けられたものです。**不測の事態に対応するための予備として搭載が義務づけられていました。**

　その量は、**出発空港から目的地空港までの飛行時間の10％を巡航できる量**と定められていました。

　しかし時代が変わり、飛行機の搭載機器の信頼性や精度が良くなり、気象予報などの精度も向上すると、その余裕は必ずしも必要ではなくなりました。「使うかもしれない」と思って用意していた燃料のほとんどが、そのまま目的地まで運ばれるという状況になってきたのです。

　そこで、その燃料を有効に使うため、後述するリクリアー方式による燃料計画が考え出され、太平洋を横断するような長距離路線で活用され

るようになりました。

　その後、補正燃料そのものの見直しの気運が高まり、20年ほど前からその要件が段階的に見直されています。見直される理由は、飛行機搭載機器の精度向上、航法の進化、高層気象解析の精度向上などに加えて、飛行データ（DFDR※などの記録）の解析により、機体ごとの正確な消費燃料量を把握できるようになったからです。

※：Digital Flight Data Recorder（飛行データ記録装置）

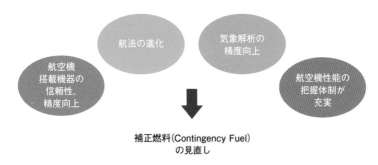

図14-2　いろいろな技術革新で補正燃料が見直される

●**補正燃料量は消費燃料量の10%→5%→3%（条件付き）と減ってきた**

　最新の要件は、消費燃料量の5%か、目的地空港上空450 m（1,500 ft）で5分間待機できる燃料量のいずれか大きいほうとなっています。以前は飛行時間の10%を巡航できる量でしたが、新しい要件は消費燃料量の5%です。計算がしやすくなりました。

　なお、以下の条件を満している航空会社は、該当する路線ごとにこの5%を3%まで減らせます。原則として、大圏距離4,000 nm以上の路線が対象です。

条件

　次の体制を確立して、航空会社の運航規定に規定すること。

・飛行機ごとに燃料性能をモニターして補正する体制。

・路線、および空港特性に応じた追加燃料量を考慮できる体制。

・対象路線の少なくとも1年間の燃料消費量を分析・評価し、見直す体制。

運航時間の10%

⬇

運航時間の5%

⬇

条件を満たせば消費燃料量の3%も可（路線ごと）

■「リクリアー方式（飛行中の再計画）」で補正燃料量を活用する

あまり使われない補正燃料量を有効活用するため、リクリアー方式が考え出されました。リディスパッチともいいます。

この方式は、40数年前にボーイング社の技術者が提案したものだそうですが、飛行機の燃費がそれほど良くなかった時代、長距離運航に苦労してきた航空会社にとっては福音になったでしょう。

近年のシステムの精度向上や気象予測技術の向上などで、燃料計画の精度も向上し、実際の燃料消費量との乖離（かいり）が非常に小さくなりました。これにより、**ほとんどが残る補正燃料を使って、より長距離を飛行する**ことができるようになったのです。

補正燃料そのものが減じられるようになった今、リクリアー方式の名前も忘れ去られそうですが、超長距離路線ではまだ使うことがあるようです。

●リクリアー方式は目的空港を2つ決めておく

リクリアー方式は、本来の目的地より近い空港を最初の目的地（第1目的空港）として燃料計画を行い、その空港に近づいたところで改めて本来の目的地（第2目的空港）までの飛行計画を行うものです（図14-3）。

そのとき残っていた搭載燃料量で本来の目的地まで到達できるかどうかを再計算して、燃料が十分に残っていればそのまま飛行を継続し、足りなければ最初の目的地に向かいます。

●第1目的空港の位置

・補正燃料10%の場合

第1目的空港を全体の距離の90%近辺に設定できれば最も効果的（搭

載燃料を少なくできる）ですが、都合のよい空港はそうそうありません。第1目的地や燃料を再計画する地点（リクリアーフィックス）を変えながら、効果や運航のしやすさを比較して決めることになります。

・補正燃料が5%の場合

リクリアーを実施するなら、第1目的空港は全体の距離の95%付近に求めることになるでしょう。効果は10%のときの半分ほども見込めないかもしれませんが、それでも飛行機を能力一杯に使わざるを得ない超長距離路線を運航するなら、この方式は有効でしょう。

補正燃料が見直される前、長距離路線を運航する航空会社は、リクリアー方式をよく使っていました。特に米国の航空会社は頻繁に利用していたようです。筆者も米国東海岸 — 成田路線にリクリアー方式の導入を検討したことがありますが、このときは第1目的空港の候補としてアラスカのアンカレッジと千歳（札幌）を比較検討し、結果として第1目的空港を千歳、リクリアーフィックスを千歳の東方海上にあるウェイポイントに選定しました。

■機長の氏名もカンパニーフライトプランに示される

その他に、次のものがカンパニーフライトプランに示されます。

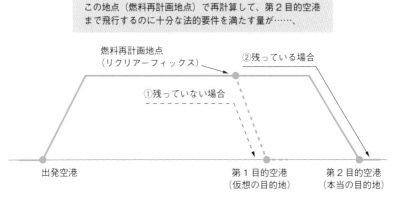

図14-3　リクリアー方式のイメージ

kgをlb（ポンド）と間違えて起きた事故

　燃料搭載量は、必要な量がきちんと搭載されて適切にチェックされていれば、燃料切れを起こすことはまず考えられません。しかし、まれにとんでもないことが起きます。

　1983年、カナダのエア・カナダのB767-200が巡航中に燃料切れを起こし、エンジンが停止してしまいました。滑空飛行で最寄りの元空軍基地に何とか着陸したものの、機体は壊れました。

　この事故は、燃料量監視システムの故障が発端なのですが、計測スティックによる搭載量確認のとき、単位のkgをlb（ポンド）と間違えていたのです（1 kg＝約2.2ポンド）。その結果、必要な量の半分ほどしか燃料が積まれていなかったのです。一般にはlbが使用されますが、kgを使用する国もあり、カナダもkgを使用することがあるようです。

参考：Aviation Safety Network Database

・出発空港から目的空港までの飛行高度（巡航高度）、ステップクライムの情報、距離
・目的空港から第1代替空港までの飛行高度、距離
・目的空港から第2代替空港までの飛行高度、距離（代替空港は2か所選定されることがある）
・機長の氏名

■ステップクライム（Step Climb）は「次善の策」

　国内線のように短い路線では、一定の高度を飛行するのが普通ですが、長距離国際線では通常、途中で数回、より高い高度に上昇します。

　一般的に飛行機は、ある高度までは上昇に伴って燃料消費率が良くなり、その高度を過ぎると悪くなっていきます。燃料消費率が最も良くな

る高度を最適高度（オプティマム・アルチチュード）といい、その高度は飛行機の重量が軽いほど高くなります。

　したがって、燃料を消費して機体が軽くなるのに応じて最適高度を追いかけて、飛行高度を徐々に上げていけば消費燃料が最小限になります。

　しかし、この方法は高度が常に変化するので、他の飛行機の運航を阻害しかねず、管制上も好ましくないことから、「次善の策」として最適高度に近いところを階段状に上がっていく運航方式がとられます。これがステップクライムです（図14-4）。ステップアップともいわれます。

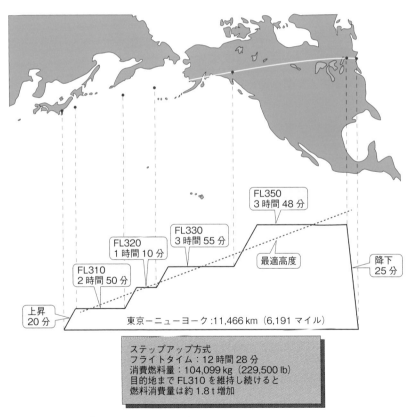

図14-4　ステップクライムのイメージ

　航路上には、それをたどって飛行するために、適当な間隔で通過点、ウェイポイントが設定されています。ナビゲーションログには、当該運航で使用する航空路のウェイポイントと関連情報が示されており、運航乗務員はそれらを確認しながら飛行します。長距離国際線ではポイントの数が30 ～ 40になる路線もあります。その様式は航空会社によりますが、示される項目に違いは基本的にありません。

　ナビゲーションログに示される情報の代表的な例は以下のようなものです。

・各ウェイポイントの名称および位置（緯度、経度）
・各ウェイポイントにおける次のような情報
　飛行高度、方位（真方位、磁方位）、外気温、速度（真対気速度、対地速度）、残燃料
・出発から各ウェイポイントに到達するまでの消費時間と到着までの残り時間
・各ウェイポイント間の距離、飛行時間、風向、風速など

■「ウェイポイント」や「フィックス」は「航空路」の通過点

　ナビゲーションログの話で触れた航空路とウェイポイントの話です。空には「飛行機が飛ぶ道」が決められています。これを航空路といいます（図14-5）。

　国土交通省の資料によれば、航空路とは「基本的に航空保安無線施設相互を結んだ経路」となっています。航空保安無線施設（以下、無線施設）とは、地上のところどころに設置された電波を発する施設で、飛行機はそれらをぬって飛行しています。航空路の分岐点など、ところどころにウェイポイントあるいはフィックスという通過点が設けられています。

　ウェイポイントはICAOの定義だと、「RNAV航法で飛行経路を定めるために使用する地理上の点」となっています。FMSなどの自動航法装置を使用して飛行する航路上に設けられたポイントです。無線標識が設

置できない洋上などにも設定され、その位置は緯度・経度で表されます。

フィックスは国土交通省の規程だと、「地表の目視、無線施設の利用、天測航法その他の方法によって得られる地理上の位置をいう」とありますが、一般に**無線施設の上空に設けられる**ようです。計器飛行で使用され、RNAV航法ができない飛行機でも利用できます。

ウェイポイントとフィックスは、明確には使い分けられておらず、RNAV航法で航行する飛行機では同じように使われています。

無線施設には無線標識（VOR、NDB）、戦術航法装置（TACAN*）、距
※：方位と距離を同時に提供する軍用由来のシステム。

Column

ウェイポイントは
珍名や奇名が盛りだくさん！

ウェイポイントにはアルファベット5文字の名前を付けることになっています。しかし、何せウェイポイントの数は多いので、名前を考えるのが大変です。以前、管制の担当官は「ネタ切れで困っている……」と嘆いていました。

付けられた名前には、付近の地名にちなむものから始まり、食べ物、魚の名前、タレントの名前、その他、意味があるもの、ないものまでさまざまです。

東京近くの「URAGA」「MIURA」などは地名にちなむものですね。九州付近には「ONIKU」「LAMEN」など、食べ物にちなむものがありますし、魚やビールなどの名前が付いたところもあります。関係者の間ではよく知られた話ですが、関西には「HONMA」や「KAINA」というポイントもあります。2つ合わせて「ほんまかいな」というわけです。

担当官は相当、困ったのでしょうね。

離測定装置（DME）、計器着陸装置（ILS）の5種類があります。衛星航法補助施設（SBAS）を加える向きもあります。

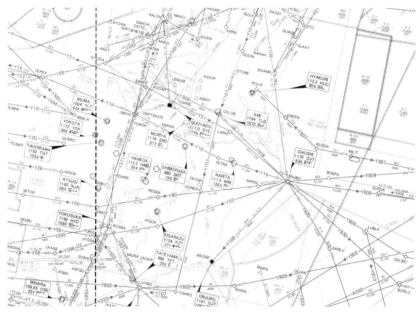

図14-5　航空路が記載された地図

出典：AIP Japan

❸ATSフライトプラン

　先述しましたが、ATSフライトプランは航空交通管制機関への提出が義務付けられており、以下のような事項の記載が求められています。そのための様式（図14-6）も定められていますが、航空会社の場合、通常はコンピュータで提出されるので、その様式が実際に使われることはありません。これらの情報はカンパニーフライトプランに含まれています。

・飛行機の国籍記号、登録記号および無線呼出符号

・飛行機の型式

・機長の氏名

・計器飛行方式または有視界飛行方式の別

別図2

FLIGHT PLAN
飛 行 計 画

PRIORITY　優先順位　ADDRESSEE (S)　送付先
<<≡FF→

<<≡

FILING TIME　　　　ORIGINATOR
受付時刻　　　　　発信機関
　　　　　　→　　　　　　　<<≡
SPECIFIC IDENTIFICATION OF ADDRESSEE(S) AND/OR ORIGINATOR　略号が指定されていない送付先又は発信機関の名称

3　MESSAGE TYPE　　　　7 AIRCRAFT IDENTIFICATION　　　8 FLIGHT RULES　　TYPE OF FLIGHT
通報型式　　　　　　　航空機識別　　　　　　　　飛行方式　　　飛行の種類
<<≡（FPL　　　　—　　　　　　　　　—　□　　　　□　<<≡
9　NUMBER　　　TYPE OF AIRCRAFT　WAKE TURBULENCE CATEGORY　10 EQUIPMENT
航空機の数　　航空機の型式　　後方乱気流区分　　　　　使用する無線設備
—　　　　　　　　　　　　／　　　　　—　　　　　／　　<<≡
13 DEPARTURE AERODROME　　　　TIME
出発飛行場　　　　　　　　　移動開始時刻
　　　—　　　　　　　　　　　　　　<<≡
15 CRUISING SPEED　　　LEVEL　　ROUTE
巡航速度　　　　　巡航高度　　経路
—　　　　　　　　　　　　→

<<≡

16 DESTINATION AERODROME　　TOTAL EET
目的飛行場　　　　　　　　所要時間
　　—　　　　　　　　　HR. MIN　　　　ALTN AERODROME　2ND. ALTN AERODROME
　　　　　　　　　　　　　　　　→　　　　　　　　　　　　　<<≡
18 OTHER INFORMATION
—

<<≡

SUPPLEMENTARY INFORMATION
補 足 情 報
19 ENDURANCE　　　　　　　　　　　　　　　　　EMERGENCY RADIO
燃料搭載量　　　　　　　　　　　　　　　　　航空機用救命無線機
　　　　　HR. MIN　　　PERSONS ON BOARD　　　　　　　　UHF　VHF　ELT
— E/　　　　　　→ P/　搭乗する総人数　　　→ R/ U　V　E
SURVIVAL EQUIPMENT　　　　　　　　　　　JACKET
救急用具　　　　　　　　　　　　　　　　救命胴衣
　　　　POLAR DESERT MARITIME JUNGLE　　　　LIGHT FLUORES UHF VHF
→ S / P　D　M　J　→ J / L　F　U　V
DINGHIES
救命ボート
　　　NUMBER　CAPACITY　COVER　　COLOUR
→ D/　　／　　　→ C　→　　　　<<≡
AIRCRAFT COLOUR AND MARKINGS
航空機の色及びマーキング
A /
REMARKS
備考
N /　　　　　　　　　　　　　　　　　<<≡
PILOT-IN-COMMAND
機長
C /　　　　　　　　　　　　　　） <<≡
FILED BY　提出者

SPACE RESERVED FOR ADDITIONAL REQUIREMENTS

27

図14-6　ATS フライトプラン（ICAO様式）　出典：国土交通省『飛行計画記入・通報要領』

- 出発地および移動開始時刻
- 巡航高度および航路
- 離陸から着陸地上空に至るまでの所要時間
- 巡航高度における真対気速度
- 使用する無線設備
- 代替飛行場、空港
- 持久時間で表された燃料搭載量
- 搭乗する総人数
- その他、航空交通管制並びに捜索および救助のために参考となる事項

14-2 飛行機の性能に基づく「最大離着陸重量」

14-1で触れましたが、離陸重量は、離陸性能（離陸滑走路長）や離陸上昇勾配、着陸重量は着陸性能（着陸滑走路長）や進入復行および着陸復行の上昇勾配などについての要件（性能要件）を満たす必要があります。

それらの要件を満たす最大の重量が、その滑走路で許容される**最大離陸重量**あるいは**最大着陸重量**になります。

ここではその性能要件の概略を示します。なお、変動要因として滑走路の状態や気象条件などがあり、考慮すべき要件も細かく定められていますが、話が複雑になるので、それらについては最小限にとどめます。

❶ 離陸重量に関する性能要件

■ 離陸滑走路長に基づく最大重量

次の(1)および(2)で求めた、それぞれの最大重量のいずれか小さいほうが、その滑走路で許容される最大離陸重量です。

(1) 1エンジン不作動を考慮する場合の最大重量

離陸の途中、最も厳しいところでエンジンが1発不作動になった場合でも、滑走路内で高度35 ft（約10 m）まで到達（離陸）できる重量、または滑走路内に停止（加速停止）できる重量の、いずれか小さいほうの重量です。両方が等しくなるときが最大になり、そのとき、離陸距離＝加速停止距離（＝滑走路長）になります（図14-7）。バランストフィールドレングスといいます。

なお、濡れた滑走路（ウェットランウェイ）や雪氷などで覆われた滑走路（コンタミネイテッドランウェイ）の場合、到達高度は15 ft（約4.6 m）に設定されています。

濡れた滑走路は湿潤滑走路、雪氷などで覆われた滑走路はスリッパリーランウェイあるいは雪氷滑走路ともいわれます。

(2) エンジン不作動を考慮しない場合の最大重量

離陸距離の15％増しが、滑走路内に収まる最大の重量。その重量での離陸距離×1.15＝滑走路長になります（図14-8）。

上記の2つについては、通常（1）のほうが厳しくなるので、そちらで最大の離陸重量が決まります。

■湿潤滑走路や雪氷滑走路の到達高度が15 ftと低いワケ

湿潤滑走路あるいは雪氷滑走路の場合の到達高度は、ドライランウェイの場合より20 ft低く設定され15 ftになっています。摩擦係数が減少して加速停止距離が伸びるので、それとの釣り合いを考慮した結果です。

なお、加速停止距離の算定には、乾いた滑走路では認められていない逆噴射装置（スラストリバーサー）の使用が認められます。ただ、それをもとに算出された重量が、乾いた滑走路での重量を超えることは認められません。

■上昇性能に基づく最大重量

1エンジン不作動の場合の重量に対する上昇勾配から、安全余裕とし

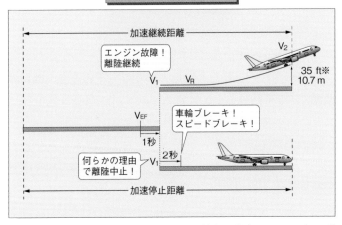

図14-7　1エンジン不作動での離陸、加速停止距離（ドライランウェイ）

※：「湿潤滑走路」「雪氷滑走路」の場合は15 ft。

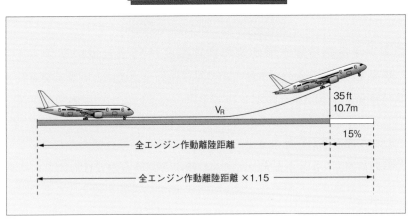

図14-8　全エンジン作動での離陸

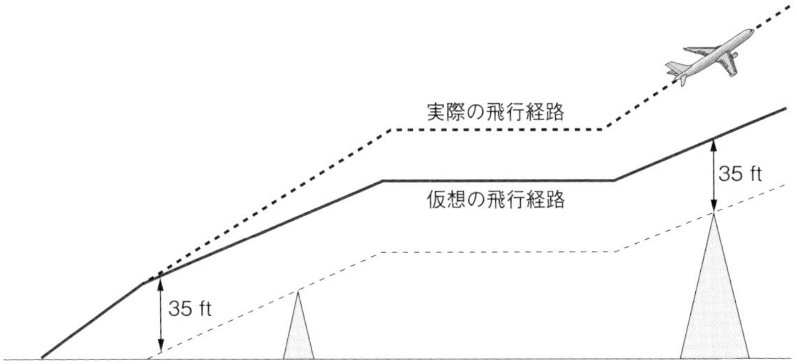

図14-9　障害物の35 ft上空をクリアーできる仮想の飛行経路

て一定の数値を引いた仮想の上昇勾配が、規定された値をクリアーできる最大の重量です。クリアーすべき上昇勾配は、エンジンの数に応じて定められています。

　また、離陸した後、上昇経路近傍に障害物があれば、それをクリアーする必要もあります。1エンジン不作動での上昇勾配に一定の余裕を持たせた仮想の飛行経路が、**障害物の35 ft（約10 m）上空をクリアーする**ことが求められています（図14-9）。

　ここでは滑走路の状態は考慮されません。離陸の到達高度が15 ftの湿潤滑走路や雪氷滑走路などからの離陸でも、障害物の35 ft上空をクリアーすることが求められます。15 ftとの食い違いは、訓練や周知で対応することにしているようです。

　なお、障害物の位置について考慮すべき範囲（飛行経路を挟む横方向の範囲）の定めもありますが、話がややこしくなるので省略します。

❷着陸重量に関する性能要件

■着陸滑走路長による制限がある

　定められた速度で滑走路に進入着陸して停止するまでの滑走距離（実着陸距離）に一定の余裕を持たせた距離、必要滑走路長が滑走路の長さ

と等しくなるときの重量が**最大着陸重量**になります。

　飛行機の停止に要する滑走距離は滑走路表面の状態によって変わります。図14-10は乾いた滑走路の場合です。実滑走距離が60%になる距離、つまり**実滑走距離の1.67倍が必要滑走路長**とされています。

　滑走路が滑りやすい湿潤滑走路や雪氷滑走路であれば着陸距離が伸びるので、許容される着陸重量は減ります。**湿潤滑走路の必要滑走路長はドライランウェイのそれの1.15倍（15%増し）**と規定されています。

　また、**雪氷滑走路の必要滑走路長は、承認された雪氷状態で決定された実着陸距離の1.15倍（15%増し）**とされています。

■進入復行、着陸復行の上昇性能による制限がある

　着陸をやめて上昇する場合についても考慮する必要があります。進入復行や着陸復行を考慮した上昇勾配についても、次のような要件があります。

・進入復行：1エンジン不作動で脚上げの状態で、規定された上昇勾配を満足させること。
・着陸復行：全エンジン作動で脚下げの状態で、規定された上昇勾配を満足させること。

　先ほどの着陸距離による最大着陸重量がそれを満足できなければ、重量を減らさなければなりません。しかし、そういうケースは限られていそうです。

●「進入復行」と「着陸復行」は微妙に違う

　降下が終了して滑走路を視認したら進入に移りますが、途中の気象状況が悪くて滑走路を視認できなかったり、管制上の問題が発生したりした場合は、降下をやめて上昇します。これを**進入復行**といいます（図14-11）。状況が回復傾向にあれば再度進入を試み、回復が期待できなければ、あらかじめ決めていた別の空港に向かい（ダイバートする）ます。

　着陸許可を得て着陸態勢に入った後でも、安全な着陸が見込めない状況になってきた場合は、接地直前または接地直後に着陸を中断して上昇

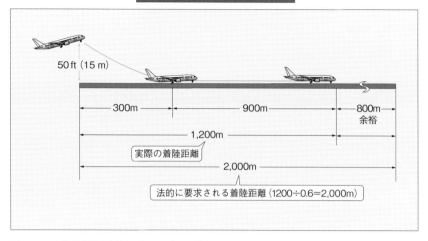

図14-10 着陸距離（ドライランウェイ）

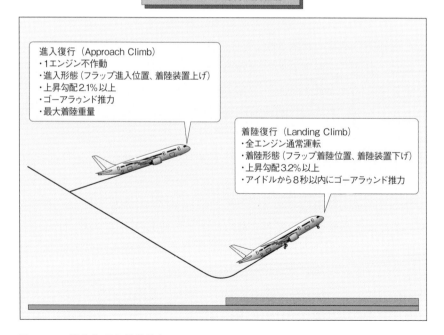

図14-11 進入復行と着陸復行

することがあります。これを**着陸復行**といいます（図14-11）。例えば、管制官が「滑走路上に離陸機や先行着陸機があって、管制間隔が十分でない」と判断したときなどには、着陸復行の指示が出されます。もちろん、運航乗務員の判断で行われることもあります。

❸滑走路面の状態は「7段階」に分けられる

　雪や氷に覆われた状態、あるいは激しい降雨で水たまり状態になっている滑走路は、摩擦係数が減って、離陸時の加速停止距離や着陸距離が伸びます。

　また、離陸加速では車輪が水や雪氷をかき分けたり、跳ね上げて機体に当たって抵抗になるので、加速に必要な距離が伸びます。そのため、離着陸の許容重量を算定するときは、**滑走路面の状態を考慮**する必要があります。

　性能要件については先に述べたとおりですが、滑走路面の状態については、さまざまに変化する滑走路表面の状況を、統一された基準で分類して運用されるようになりました。ちなみに、滑走路面の状態は、**ドライを含めて7段階に分類**され、それに基づいて許容重量が決められます。

　なお、湿潤滑走路も含め、滑走路面の状態が悪い場合の離着陸性能に関する考え方が世界的に統一されたのは、ごく最近です。ICAOの新基準が効力を発したのは2021年のことです。

■湿潤滑走路や雪氷滑走路に対する性能基準を作ったのは日本

　40年ほど前までは、滑走路表面に積雪や氷があって滑りやすい状態に応じた性能の普遍的な基準はありませんでした。多くの場合、離着陸はパイロットの判断にゆだねられるのが実情でした。

　そういう状況の中で、日本のある航空会社が、「滑走路がそれほど長くなく、プロペラ機が運航していた空港でもジェット機で通年運航できないか」と考えたのが、**世界に先駆けて湿潤滑走路や雪氷滑走路に対する性能基準を作る**きっかけになったのです。

　航空局主導のもと、新しい性能基準の設定、摩擦係数の測定方法や分

類、滑走路の管理方法や改善（グルービングの施行や付着ゴムの除去）など、多岐にわたる課題をクリアーして、日本として新しい運用がなされるようになりました。この運用とともに、日本の空港にはグルービングが施されるようになりました。現在は、世界的なコンセンサスが得られて、統一基準ができていますが、30年以上かかったのではないでしょうか？

Column

ミストアプローチと
ゴーアラウンドの違いは？

　一般的に、進入復行はミストアプローチまたはゴーアラウンド、着陸復行はゴーアラウンドといわれます。着陸を中止して復行するという意味ではどちらもゴーアラウンドでしょうが、進入復行をミストアプローチと区別していうこともあります。また、着陸重量制限の要件を定める規定では、進入復行はアプローチクライム、着陸復行はランディングクライムと呼ばれています。

14-3 安定飛行に欠かせない 飛行機の「重心管理」

　重心管理は、飛行機が安定して飛ぶために極めて重要です。先述の通り、飛行計画で確認します。その概要を紹介します。

■縦安定性（機首上げ下げ方向の安定）は重心の位置で変わる
●重心の位置が揚力の作用点より前にある場合

　例えば、気流の具合で急に迎角が増える（機首上げになる）と、主翼

の揚力が増え、水平尾翼の下向き揚力が減るので、重心周りの機首下げモーメントが増えて自ずと機首が下がり、機体は安定します。迎角が減れば逆の作用で、機首は戻ります（縦安定が良い）。

　しかし、重心の位置が前方に行くにしたがって（図14-12）元に戻ろうとする傾向が強くなり、それに逆らって操縦するのが難しくなってきます（操縦性が悪い）。操縦桿を引いて水平尾翼の下向き揚力を大きくすることで対応しますが、それも限度があります。離陸時に機首上げに苦労したり、着陸時の引き起こしが足りずに、前車輪から接地したりするかもしれません。

●**重心の位置が揚力の作用点より後ろにある場合**

　逆に重心の位置が後方に行けば縦安定性が減る（図14-13）ので、操縦桿が軽くなって操縦性は良くなりますが、揚力作用点を越えると、少し困った状況が出てきます。

　機首が上がって揚力が増えると、さらに機首上げモーメントが増えて、一層、機首上げ傾向が強まります。少し機体を引き起こすつもりで操縦桿を引いたら、思いのほか機首が上がって、慌てて押し戻すということ

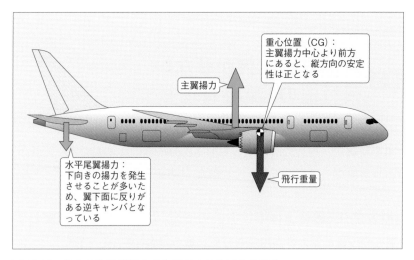

図14-12　重心の位置が揚力の作用点より前にある場合

もあるでしょう。離着陸時に機体後部を滑走路に打ち付ける懸念もあります。逆に機首を下げれば、機首下げモーメントがさらに増え、機首下げ傾向が増幅されて慌てる場面もありそうです。どちらの場合もオートパイロットはうまくやるでしょうが……。

いずれにしても、水平尾翼で対応できるうちは何とかなりますが、重心がある点を過ぎれば、打ち消せなくなります。

そのような状況を防ぐため、重心位置には前後の限界が設けられており、それぞれ前方重心限界、後方重心限界と呼ばれます。

■安定性を犠牲にする重心位置は旅客機ではNG

先述の通り、前後に重心限界があるので、飛行計画時にはその間に重心がくるように重量が管理されます。操縦性に重きを置く曲技用飛行機などは、安定性を少し犠牲にしても後方限界寄りにするかもしれませんが、旅客機で安定性を犠牲にするわけにはいきません。双方の限界に重心があまり近づかないように計画するのが一般的でしょう。

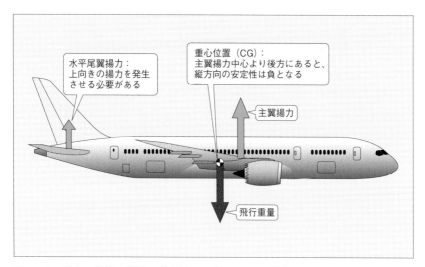

図14-13　重心の位置が揚力の作用点より後ろにある場合

●重心位置は「〇〇%MAC」や「インデックス」で表す

　重心の位置は一般的に平均空力翼弦（MAC：Mean Aerodynamic Cord）の前縁から何%のところにあるかという表し方をします。具体的には〇〇% MACという表現が使われます。大型機などではモーメントの値を表す指標（インデックス）を使用することもありますが、ここでは平均空力翼弦（MAC）について話を進めます。

　翼弦は翼の前後方向の長さで、平均空力翼弦は仮想の翼弦の長さです。一般的に飛行機の翼は、先細になったいわゆる「テーパ翼（先細翼）」で、翼弦の長さは一定ではありません。

　そこで「先細翼の代表的なところに、揚力がまとまって作用する」と仮定して、そこを通る翼弦を平均空力翼弦としています。「翼の平面図の重心点（図心）を通る翼弦」と説明している資料もあります。

●飛行の前に重心位置を確認する

　先述しましたが、飛行機を安定して飛ばすためには、**飛行機の重心の位置が許容された範囲にあることが必要**なので（図14-14）、飛ぶ前にその位置を確認しておくことが求められます。

　飛行計画の項（14-1）で述べたとおり、その確認は重量計画時に行われます。重心の位置は乗客の重量、貨物の重量、燃料の搭載量などにより変わるので、それらが確定する**飛行計画の最終段階**で確認されます。

　以前は、ウェイトアンドバランス（W/B）マニフェスト（通称ウエバラマニフェスト）という、特別な様式のグラフ（図14-15）を用いて確認していました。**乗客、貨物、燃料のそれぞれの搭載量によって変動する重心位置をグラフ上で確認**していたのですが、今はコンピュータによる確認が一般的です。

●重心位置は運用限界（CGワーキングリミット）を超えない範囲で

　飛行中、「重心の位置が先述した前方および後方限界を超えない」、もしくは「極端に近づかない」ようにするため、本来の限界に少し余裕を持たせた運用上の限界を設けています。

　旅客機の運航では、乗客の着席のバラツキ、客室乗務員や乗客の移動、燃料の消費、フラップや脚の上げ下げなどに伴って重心が移動するので、

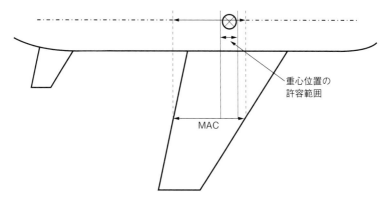

図14-14　重心位置は決められている

その幅を考慮するのです。

　この限界は**運用限界またはCG（重心位置）ワーキングリミット**と呼ばれ、離陸、着陸およびその間の運航の各フェーズに対して設定されます。ウエバラマニフェストに明示され、飛行計画時に重心位置がこの範囲内に収まっていることの確認が求められます。

　ただ、先述の通り、最近はこのウエバラマニフェストが使われることはあまりなさそうです。

■重心の移動はジェット旅客機の安全を脅かす！

●「団体客」は要注意

　修学旅行の団体は人数が多いので、乗り降りのときは重心の移動に気をつけなければなりません。通常、団体客は搭乗や降機をスムーズにするため、客室後方にアサインされます。**普通の乗客より先に乗せて、最後に降ろす**のです。

　しかし、前方客室に乗客がいないときに、後方客室に多くの人がいるのですから、重心の観点から見ると好ましくありません。過去には「降機時に前方の乗客が全部降り切るまで学生を座ったままにしていたら、飛行機の前車輪が浮き上がった」こともありました。

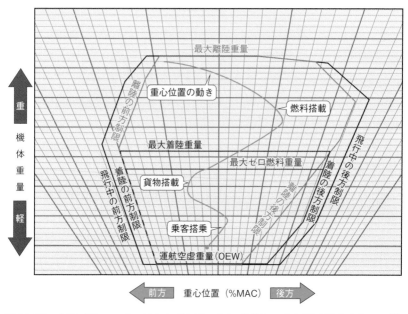

図14-15　ウエバラマニフェストとCGワーキングリミット位置の変化（イメージ）

CG（重心位置）の変化と離陸重量、着陸重量に対するCGについて示した図。飛行時のCGはその間にある。CGワーキングリミットは「離陸」「着陸」および「その間の飛行」の各フェーズに対して設定されており、重心は各フェーズでそれぞれのリミットの間にあることが求められる。その範囲は機種によるが、10%付近〜30%付近の間になる。上に開いた各線は、それぞれの%MACの線。CGは、搭載される貨物、乗客、燃料それぞれの重量と搭載位置によって変化する。変化の軌跡が、ウエバラマニフェストの中の曲線になる。

●機内でワニが逃げ出して飛行機が墜落？

　『Aviation Safety Network』（https://aviation-safety.net/』というウェブサイトに載った話です。

　2010年8月25日、コンゴ民主共和国のキンシャサから飛び立ったLet-410型機（最大乗客19人の小型双発機）が、目的地空港近くで墜落しました。この事故で20名が犠牲になりました。

　ところが、1人だけいた生存者が衝撃的な証言をしました。「持ち込み手荷物のバッグからクロコダイルが逃げ出して、客室内に入ってきたので、客室乗務員が走って操縦室に向かい（連絡しようとした？）、そ

の後に乗客が続いた」というのです。

　この証言から、操縦室に向かった乗務員と乗客が前方に集まったことで飛行機の重心が前方に大きく動き、操縦不能に陥ったと考えられました。事故調査官は半信半疑だったものの、その可能性を排除しきれなかったそうです。

乗客が機内に持ち込む さまざまな動物

Column

　世界の事例を見ると、乗客は実にさまざまな動物を機内に持ち込んでいます。中にはワニ、ヘビ、トカゲ、カメなど、禁止されている動物をこっそり持ち込む人がいるようです（多くは密輸目的らしい）。それらが逃げ出して周りの人を混乱に巻き込むことも少なくなく、「コブラが人を噛んだ」という話もあります。

　海外の航空会社にはペット類の持ち込みを認めているところもありますが、さすがにこれらの動物はダメでしょう。

　機内で「サソリに刺された」という事例も発生しています。乗客によって持ち込まれたものではないようですが、こういう生物が生息している国では、案外身近なのかもしれません。が、さすがに機内にいたら気が気ではないでしょうね。

鳥や獣との衝突の話

同じ空を飛ぶ飛行機にとって、鳥は油断できない存在です。獣類や爬虫類が滑走路をうろついていることもあります。これらに衝突すれば飛行機が大きなダメージを受けたり、墜落の憂き目を見たりすることもあります。第15章では運航の安全を脅かす要因の一つである鳥や獣などとの衝突について解説します。

15-1 鳥とぶつかるジェット旅客機 (バードストライク)

　鳥との衝突、いわゆるバードストライクが多発しています。

　飛行機にとって鳥は怖い存在です。鳥が飛行機にぶつかれば、**機体やエンジンを壊す**ことがあります。めったにありませんが、ひどいときには**墜落の憂き目に遭う**こともあります。

　太古から空を縄張りとしていた鳥にしてみれば、縄張りを荒らす飛行機は迷惑な存在でしょう。人間としては領域を分けあって穏やかに共存を図りたいところですが、「わきまえてくれる」鳥などいるはずもなく、なかなか思うようにはなりません。

　まれに「**獣とぶつかった**」という話も聞きます。もちろん地上での話です。動物が空港に入ることは普通、できないのですが、空港の柵が不十分だったりすれば、そこから侵入することもあるでしょう。柵を乗り越える動物もいるようです。乗客が預けたペットが逃げ出すことも考えられます。

■鳥はジェット旅客機の離着陸に驚いて飛び立つ

　鳥が空港に近寄らなければいいのですが、空港周辺は鳥にとって魅力があります。大抵の空港には芝生や草地があり、そこには**虫**がいます。それをねらう**カエル**などもいます。鳥にとってはおいしいエサです。

　そのエサを求めて鳥が飛来し、それらの鳥たちが飛行機の離着陸に驚いて一斉に飛び立つのです。飛行機が飛んでいない方向に逃げてくれればいいのですが、人間が思うようには動いてくれません……。

　スズメやツバメなどの小さな鳥はすばやく、逃げ足が速いし、衝突しても飛行機へのダメージは大きくありませんが、**トビ**などの**大型鳥類**は、そうもいきません。体が重いせいか身のこなしが遅く、飛び立つ方向も風上側に向かう傾向があるようです。風上側に向かって離着陸する飛行機と方向が重なる上、飛行機のほうが速いので、結果は明らかです。

夜間のライトもよくないようです。夜は、飛行機もライトをつけます。状況に応じて着陸灯、滑走路旋回灯、地上走行灯、そのほかいろいろなライトを点灯しますが、その光に集まる習性を持つ鳥もいるそうです。

■いまだ決定打がないバードストライク対策

飛行機と鳥の衝突を防ぐには、空港周辺から鳥を追い払うのが一番ですが、簡単ではありません。花火、ガス砲、猟銃、鷹匠（ハヤブサ）、餌場の除去、威嚇用赤外線センサーバード、滑走路周辺に張り巡らせた釣り糸、防鳥ネット、化学忌避材、エンジンに付けた渦巻き模様や目玉マーク、あるいはストロボライトなど、昔からいろいろな方法が用いられてきましたが、これといった決定打はありません。

鳥は頭が良いので学習します。同じ手に何度もかかってくれません。国土交通省の「航空機と鳥の衝突防止に関する調査委員会」などでも、

Column
両エンジンの推力を失った機を川に着水させた機長

2009年1月、ニューヨークのラガーディア空港を飛び立ったUS航空の双発機A320型機は、離陸直後、カナダガンの群れに遭遇し、そのうちの数羽が両方のエンジンに吸い込まれました。ハドソン川を挟んだすぐ先にはテタボロ空港がありましたが、両方のエンジンのパワーがなくなった状態ではそこにも届きそうもないことから、機長は眼下のハドソン川に着水させました。

飛行機をうまく着水させるのは大変なことですが、サレンバーガー機長はやってのけ、乗員乗客全員が無事に救出されて、機長は一躍ヒーローになりました。クリント・イーストウッド監督によって映画化され、日本でも『ハドソン川の奇跡』として上映されました。

以前からいろいろな対策が検討されていますが、鳥との戦いはまだ続きそうです。

● 高度10,000 m付近でハゲワシに衝突した事故もあるから油断できない！

　上空でも油断はできません。世界的に見るとかなり高いところを大形の鳥が飛んでいるようです。ずいぶん昔になりますが、ヒマラヤ山脈を越えるツルの群れを追ったNHKのドキュメンタリー番組がありました。8,000 m級の山を越える鳥がいるのですから、高度10,000 mぐらいは上がる鳥がいても不思議ではありません。

　1973年、実際にコートジボアール上空の高度36,100 ft（約11,000 m）でハゲワシに衝突したという報告があります。他にも高度10,000 m付近で衝突したという情報もあるので、「高高度を飛んでいるから安心」とはいきません。大きな鳥がうろついているかもしれません。

● 7 kg近いカナダガンだと衝撃は30 tを超える

　日本は比較的小型の鳥が多いこともあって、大抵はエンジンのブレードが壊れたり、胴体にへこみができたりする程度で済んでいますが（航空会社は大損です）、北米などではカナダガンのような大形の鳥が結構飛び回っているので、それらと衝突して墜落することもあります。

　そう頻繁にあるわけではありませんが、先に挙げたハドソン川に不時

Column **夜行性の鳥もいるからあなどれない**

　以前、夜間に離着陸する便に鳥が衝突して、エンジンが壊れるなどの被害が羽田空港で出ました。山階鳥類研究所に見てもらった結果、その鳥はヒドリガモというカモの仲間でした。ヒドリガモは草地に生えているクローバーを食べるためにきていたようです。夜に！　夜に活動する鳥は他にもいるそうです。確かにフクロウなどは夜行性ですね。彼らはいわゆる鳥目ではないのでしょう。

着したUS航空の事例や、1995年、米空軍のB707AWACSがカナダガンの群にぶつかって墜落した事例などは大事故です。他にも、DC-10が離陸中にカモメをエンジンに吸い込んで離陸に失敗し、火災を起こしています。

　カナダガンなどは7 kg近いものもあるので、**墜落は免れても飛行機のダメージは相当なものです**。ぶつかる速度にもよりますが、30 tを超える衝撃があるそうです。ぶつかった鳥が、操縦室の窓を突き抜けて機長に当たり、その機長は病院に運ばれた、という事例もネブラスカ大学のデータにありました。怖い話です。

● **日本の空港で一番ぶつかっているのは「タカ科のトビ」**

　国土交通省のデータ（2016年）によれば、衝突する鳥の種類は日本の場合、次のようになっています※。

タカ科	27.5%（内訳はトビが20%）
カモ科	7.5%
ツバメ科	7.5%
カモメ科	5%
ハヤブサ科	5%
不明	30%以上

　国立環境研究所の資料によると、日本でもカナダガンが確認されていましたが、特定外来生物に指定されて駆除が進められ、2015年12月に環境省が**国内根絶**を発表しています。

　FAAの資料に目を向けると、白鳥類、ガン類、ワシ類、ペリカンやコウノトリ、その他、数え切れないほどの種類の鳥が挙げられています。離着陸時には**シカやコヨーテ**などの獣にぶつかるケースも結構あるようです。

※その他、ハト科、ウ科、シジュウカラ科、ヒバリ科なども衝突している。

■なぜワニやカメとも衝突するのか？

　ワニと衝突したという報告もあります。ワニはひんやりした滑走路に夕涼み（？）に来て、寝そべることがあるようで、そこに飛行機が突っ込んでぶつかるのです。カメやその他の動物との衝突もあります。2021年9月、成田空港でカメが滑走路に這い出して、**空飛ぶウミガメ（フライングホヌ、A380）**などの出発を遅らせたというニュースが流れました。

写真　滑走路で涼むワニ（左）、空港敷地内に侵入するカメ（右）
出典：米国FAA、USDA（農務省）資料

Column
ライト兄弟もバードストライクの洗礼を受けた

　米国ネブラスカ大学の資料によれば、世界初のバードストライクはライト兄弟のフライヤー号で起きたようです。弟のオービル・ライトが日記に書いているそうで、衝突したのはハゴロモガラスという鳥だろうと推測されています。人間が鳥の領域に入ろうとしたので、さっそく洗礼を受けたのでしょうか？

おわりに

　遠い昔、戦後間もないころですが、板付飛行場（現在の福岡空港）から飛び立った進駐軍の双胴戦闘機が、太陽の光を浴びてキラキラ光りながら飛んでいるのをよく見上げていました。そのころから航空へのあこがれが芽生えていたのかもしれません。大学では航空工学を専攻しました。

　航空会社を意識するきっかけは、当時の日本航空の技術者による講義でした。実際に運航している旅客機の話を聞くうちに、航空会社の技術者におもしろみを感じるようになり、全日本空輸（ANA）の門を叩きました。

　ANAで所属した整備、運航技術、安全、環境の各部門では、それぞれ貴重な経験ができました。最初の整備部門では、飛行機を肌で感じながら、整備作業を通じて構造やシステムを学びました。最初に整備に携われたことは非常に幸運で、その後の業務に大いに役立ったものです。

　その後に移った運航技術部門では、飛行機の性能検討、パイロットや航空機関士が使うマニュアル類の作成、新規導入機種の選定や、新規路線開設にあたっての性能検討など、さまざまな業務に従事しました。特に印象に残っているのは、双発機の長距離飛行（ETOPS）、長距離国際線開設にあたっての機種選定や搭載燃料に関する検討（リクリアー）などです。パイロットや航空機関士との情報交換やディスカッションなども、昨日のことのように思い出されます。

　航空界の変遷や技術の進化を目の当たりにし、その中で業務に携われたのは技術屋として幸せなことでした。その過程で経験したこと、業務を通じて得たことの一端でも紹介できれば、少しでもお役に立てれば、うれしい限りです。

技術は日々進化して、とどまることを知りません。可能な限り最新情報を反映させるべく執筆してきましたが、原稿執筆中にも新しい情報が間断なく飛び込みました。これからも途切れることはないでしょう。この本で紹介した情報も見直さざるを得ない状況が出てくるかもしれません。それらの新しい情報を取り入れた続編が書ける日を想いつつ筆を置きます。

　末筆になりましたが、出版に当たって応援してくれた多くの友人、後輩、兄弟、家族、この本の出版にご尽力くださったビジュアル書籍編集部の石井顕一氏、イラスト制作を引き受けてくださった中村寛治氏に、心よりお礼申し上げます。

原野康義

参考文献

■第1章　巨大ジェット機の光と影

・A380　Airbus (https://www.airbus.com)
・BOEING　SKYbrary Aviation Safety (https://skybrary.aero)
・マニアな航空資料館 (https://okinawa-airport-terminal.com)
・Stratolaunch　Future of Hypersonic Testing (https://www.stratolaunch.com)
・The Spruce Goose-Evergreen Museum (https://www.evergreenmuseum.org)
・空飛ぶ巨大マシン　世界の大型航空機10選-CNN (https://www.cnn.co.jp)
・舗装強度の公示方法について（航空局空港部建設課, 1981）

■第2章　ジェットエンジンは改善・改革の“最前線”

・GE90 Engine Family　GE Aerospace (https://www.geaerospace.com)
・GE9X エンジンの開発　IHI（笠原知諭 他, IHI技報, Vol.60, No.2, 2020）(https://www.
　ihi.co.jp/)
・RR トレント1000、XWB エンジンスペック・諸元表（マニアな航空資料館）(https://
　okinawa-airport-terminal.com/)
・GTF Engine　Pratt & Whitney (https://www.prattwhitney.com)
・UltraFan　Rolls-Royce (https://www.rolls-royce.com)
・Airbus A380 To Test CFM's Open-Fan Architecture In Flight（GE）(https://www.ge.
　com/)
・航空機エンジンの最新トレンド　日本航空技術協会（五井達彦, 航空技術, No.806, 2022）
・ターボ機械を知ろう！ ……ガスタービン　ターボ機械協会 (https://www.turbo-so.jp/
　turbo-kids1.html)
・Engine Thrust Hazards in the Airport Environment　Boeing (https://www.boeing.com)
・航空エンジンに革新 GE も認めた日本の素材力　日本経済新聞 (https://www.nikkei.com)
・Module 2 EDTO Foundation – ICAO (https://www.icao.int)
・Extended Diversion Time Operations（EDTO）Manual (ICAO Doc 10085) (https://
　www.icao.int)
・双発機による長距離進出運航実施承認審査基準 他　国土交通省 (https://www.mlit.go.jp/)
・双発機による 180 分を超える長距離進出運航実施承認審査基準 (https://www.mlit.go.jp/)
・Contrails K-12　NASA (https://www.nasa.gov/stem-content/contrails/)
・Climatologist develops contrail avoidance model (Archive　University of Wisconsin
　-Whitewater) 2008
・Aircraft Contrails Factsheet　FAA (https://www.faa.gov/)

■第3章　切り離せない「翼」と「揚力」と「渦」の関係

・High-Lift Systems on Commercial Subsonic Airliners　NASA（Contractor Report 4746）
　(https://ntrs.nasa.gov/)
・Flap Optimization for Take-off and Landing　ABCM（Fábio M. Rebello da Silva他,
　2004）(https://www.abcm.org.br/)
・787 Systems and Performance　Boeing（Tim Nelson, 2005）(https://myhres.com/
　Boeing-787-Systems-and-Performance.pdf)
・The Aerodynamic Design of The A350 XWB-900 High Lift System　Airbus（Henning
　Struber, 2014）(https://www.icas.org/)
・飛行機はなぜ飛ぶのかまだわからない？？　NPO法人基礎科学研究所（松田卓也, 2013）
　(https://jein.jp/jifs/scientific-topics/887-topic49.html)

- Wingtip device　NASA (https://nasa.fandom.com/wiki/Wingtip_device)
- Blended Winglets　Boeing (AERO QTR_03.09)
- AIP SUP Japan (NR037/20 27 FEB 2020)

■第4章　機種ごとに違う「脚」や「車輪」の位置と数
- 空港土木施設設計要領（構造設計編）付録1：航空機荷重の諸元　国土交通省 (https://www.mlit.go.jp)
- 最近の降着装置システムに関する技術動向　航空機国際共同開発促進基金 (http://www.iadf.or.jp)
- Concept development for an aircraft wheel made of fiber-reinforced plastic.　Fraunhofer Annual report 2017 (https://2017.lbf-jahresbericht.de/)
- 航空機用タイヤ　日本航空技術協会（山田宗光, 航空技術, No.455, 1993）
- 技術　航空機用タイヤ　ブリヂストン (https://www.bridgestone.co.jp/)
- 航空機用C/Cコンポジットブレーキ　セラミックスアーカイブス, 2007 (https://www.ceramic.or.jp)
- 次世代航空機用降着システム技術開発の概要　経済産業省, 住友精密工業, 2015 (https://www.meti.go.jp/)
- 航空機用ブレーキシステム　日本航空技術協会（田岡良夫, 高橋教雄, 航空技術, No.484, 485, 1995）
- Phenomena of Pneumatic Tire Hydroplaning　NASA (Technical Note, D-2056) (https://ntrs.nasa.gov/)
- 航空機加重に対するグルービングの安定性　国土交通省（八谷好高 他, 国総研報告, No.26, 2005）(https://www.nilim.go.jp/)
- Porous Friction Course for Airfields　英国国防省 (Spec 40, 2009) (https://assets.publishing.service.gov.uk/media/5a79a929e5274a18ba50de13/Spec402009.pdf)

■第5章　乗客の快適・安全に直結する「与圧」と「空調」
- 航空機に搭載される空調システムに関する技術動向　航空機国際共同開発促進基金 (http://www.iadf.or.jp/document/pdf/17-5-8.pdf)
- 航空機構造破壊　日本航空技術協会（武田真一郎, 航空技術, No.663, 2010）
- 旅客機の与圧システム　日本航空技術協会（築野孝志, 航空技術, No.524, 1998）
- High Altitude Cabin Decompression Interim Policy　FAA (https://www.federalregister.gov/)
- What Limits The Height That An Aircraft Flies? - Simple Flying (Linnea Ahlgren, 2021)
- 787-Systems-and-Performance　Boeing (Tim Nelson, 2005) (https://myhres.com/Boeing-787-Systems-and-Performance.pdf)
- 14 CFR §121.329 - Supplemental oxygen for sustenance & §121.333 - Supplemental oxygen for emergency descent and for first aid　FAA (https://www.govinfo.gov/)
- 787 No Bleed Systems　Boeing (AERO QTR 4.07)
- 14 CFR §121.578 - Cabin ozone concentration　FAA Cornell Law School (https://www.law.cornell.edu/)

■第6章　ジェット機の「燃料タンク」と「燃料」、排出する「CO_2」
- Fuel System　Boeing 747　Boeing (https://www.boeing-747.com/)
- Airbus-Aircraft Characteristics　Airbus (https://aircraft.airbus.com/)
- Fuel versus wing bending　Daunus (https://daunus.wordpress.com/)
- **A350-1000 - Airbus Aircraft** (https://aircraft.airbus.com/)
- A380 AIRCRAFT CHARACTERISTICS AIRPORT AND MAINTENANCE PLANNING

Airbus (https://www.airbus.com/)
・航空機用燃量計について（矢口裕之 他，日本航空宇宙学会誌，第23巻，260号）（https://www.jstage.jst.go.jp/）
・航空燃料の基礎知識　日本航空技術協会（小田雄太，航空技術，No.501，1996）
・石油の精製　石油情報センター（https://oil-info.ieej.or.jp/）
・バイオ燃料によるデモフライト　日本航空技術協会（阿部泰典，航空技術，No.651，2009）
・第39回国際民間航空機関（ICAO）総会の結果概要について　国土交通省（https://www.mlit.go.jp/common/001148404.pdf）
・New Optical-Based System Will Transform Aircraft Fuel Measurement　Parker Hannifin (https://blog.parker.com/)
・ICAO CORSIA CERT 2019年版　ICAO (https://www.icao.int/)
・Fuel Economy as Function of Weight and Distance (Rolf Steinegger, 2017) (https://digitalcollection.zhaw.ch/)
・関西国際空港における継続降下到着方式（CDA）の試行運用について　国土交通省報道発表資料 (https://www.mlit.go.jp/)
・継続上昇運航（CCO）に関する研究（上野誠也，虎谷大地，電子航法研究所発表会，2016）(https://www.enri.go.jp/)
・2019年度の主要な活動の成果について　国土交通省 (https://www.mlit.go.jp/)
・航空路とRNAV経路の再編　国土交通省 (https://www.mlit.go.jp/)
・脱炭素化に向けた航空技術の研究開発について　JAXA（航空輸送技術研究センター第26回航空輸送技術講演会資料）(https://atec.or.jp/)

■第7章　トイレと乗客が引き起こすトラブル

・Introduction to Aircraft Lavatory System　How do Airplane Toilets Work?　Aviation Learnings Team, 2020 (https://aviationlearnings.com/)
・高度1万メートルの「快適」B787の洗浄便座，開発の舞台裏　日本経済新聞 (https://www.nikkei.com/)
・Passenger pans airline after toilet ordeal (BBC news, 22/1/2002)
・Airplane Vacuum Toilets：An Uncommon Travel Hazard (Stephen Meldon 他, Journal of Travel Medicine) (https://academic.oup.com/jtm/article/1/2/104/1830447)

■第8章　ジェット機の降雨、降雪、凍結対策

・Windshield Rain Protection on Airbus Aircraft (Airbus FAST, Number 23)
・Ice and Rain Protection (The Boeing 737 Technical Site) (http://www.b737.org.uk/iceandrain.htm)
・787-Systems-and-Performance　Boeing (Tim Nelson, 2005) (https://myhres.com/Boeing-787-Systems-and-Performance.pdf)
・Technical Data Sheet　PPG Aerospace (https://www.ppgaerospace.com/)
・界面科学の基礎　FIA (https://www.fia-sims.com/p40-interface-science.html)
・Aviation Maintenance Technician Handbook–Airframe, Volume 2, Chapter 15 (FAA-H-8083-31A)
・大型機の防除氷システム　日本航空技術協会（林宏一，航空技術，No.523，1998）
・航空機用先進システム基盤技術開発・革新的防氷技術　経済産業省，富士重工 (https://www.meti.go.jp/)
・氷から飛行機を守る着氷検知・防氷技術　JAXA（航空マガジンFlight Path, No.3, 2013）(https://www.aero.jaxa.jp/)
・超撥水塗料の開発　日本航空技術協会（吉田剛士，山崎智也，航空技術，No.778，2020）
・DFテスタによる滑走路面すべり摩擦係数測定マニュアル　国土交通省 (https://www.

mlit.go.jp/)
- Guidance on the Issuance of SNOWTAM ICAO (https://www.icao.int/)
- Runway Surface Friction SKYbrary (https://skybrary.aero/)
- 地上における航空機の防除雪氷作業 航空機国際共同開発推進基金 (http://www.iadf. or.jp/document/pdf/29-1.pdf)
- 防除雪氷業務に係る審査要領 (国土交通省航空局, 国空航第991号, 国空航第4号)
- FAA Holdover Time Guidelines Winter 2022-2023 (https://www.faa.gov/)

■第9章　運航の基本となるエアデータとその計測システム
- B737CL and B737NG Airdata System Design Differences FAA (https://www.faa.gov/)
- Aspirated Total Air Temperature Probe AeroSavvy (https://aerosavvy.com/)
- 14 CFR 25.103 - Stall speed FAA (https://www.ecfr.gov/)
- 1-g Stall Speed as the Basis for Compliance With Part 25 of the FAR FAA (https://www.federalregister.gov/)
- The Final Approach Speed - FSF ALAR Tool Kit 8.2 FSF (https://skybrary.aero/)
- Altimeter Pressure Settings SKYbrary (https://skybrary.aero/)
- Radio Altimeter SKYbrary (https://skybrary.aero/)
- ICAO Abbreviations and Codes (Doc 8400) ICAO (https://skybrary.aero/)
- 電波高度計 jstage (横井錬三, 高橋正規, 日本航空宇宙学会誌, 第24巻, 第269号, 1976) (https://www.jstage.jst.go.jp/)
- 自動着陸から飛行管理システム jstage (堀川勇壮, 計測と制御, Vol.21, No.7, 1982) (https://www.jstage.jst.go.jp/)
- 電波高度計と5Gモバイルシステムの共用検討についての最新動向 電子航法研究所 (https://www.soumu.go.jp/)
- 航空機高度計としてのGNSSの利用 (新美賢治 他, 電子航法研究所研究発表会, 第5回, 2005) (https://www.enri.go.jp/report/hapichi/pdf2005/06.pdf)

■第10章　緊急時の"救世主"——ドアと緊急脱出スライド
- 航空機の型式証明について 航空機国際共同開発推進基金 (http://www.iadf.or.jp/)
- 14 CFR § 121.291 Demonstration of Emergency Evacuation Procedures FAA (https://www.law.cornell.edu/)
- 14 CFR § 25.807 Emergency exits FAA (https://www.law.cornell.edu/)
- Airbus A320 exits Aviation Safety Network (https://aviation-safety.net/)
- Boeing 737-800 exits Aviation Safety Network (https://aviation-safety.net/)
- 14 CFR § 25.803-Emergency Evacuation FAA (https://www.ecfr.gov/)
- 14 CFR Appendix J to Part 25 - Emergency Evacuation (FAA) (https://www.law.cornell.edu/)
- TSO-C69c FAA (https://www.faa.gov/aircraft/air_cert/design_approvals/dah/escape_slide)
- 航空機用脱出スライド Safran Aerosystems (https://www.aeroexpo.online/)
- Aviation Gases Coregas Australia (https://www.coregas.com.au/)
- 航空事故調査報告書 航空事故調査委員会 (平成5年5月2日, 全日空所属B747-400型 JA8096) (https://www.mlit.go.jp/)

■第11章　危険を回避するジェット機の装備や対策
- 航空事故調査報告書 航空・鉄道事故調査委員会 (平成14年7月12日, 日本航空所属 B747-400D型JA8904) (https://www.mlit.go.jp/)
- ASN Aviation Safety Database FSF (https://aviation-safety.net/database/)

- 航空機衝突防止装置の運用評価結果の概要　REAJ（白川昌之 他, REAJ誌, Vol.18, No4, 1996）（https://www.jstage.jst.go.jp/）
- Introduction to TCAS Ⅱ v7.1　FAA（https://www.faa.gov/）
- 航空機衝突防止装置の回避指示への対応等について（国空航第822号）　国土交通省（https://www.mlit.go.jp/）
- Terrain Awareness and Display System EGPWS（AlliedSignal社パンフレット）
- 強化型対地接近警報装置　日本航空技術協会（秋田欣計, 航空技術, No.517, 1998）
- Wind shear：an invisible enemy to pilots ？　Airbus（Safety First #19）（https://safetyfirst.airbus.com/）
- Lightning strikes Protection　Boeing（AERO QTR-04.12）
- Lightning Protection of Aircraft　NASA（RP1008, 1977）（https://ntrs.nasa.gov/）
- 導電性ポリマーを用いた機能性複合材料の開発　島津製作所（https://www.an.shimadzu.co.jp/）
- 航空機の被雷について　日本航空技術協会（福田 久 他, 航空技術, No.572, 2002）
- 技術連載その16 雷　（株）応用気象エンジニアリング（高田吉治, 2009）（https://www.jstage.jst.go.jp/）
- 29-2航空機の雷環境と複合材の雷損傷　航空機国際共同開発促進基金（http://www.iadf.or.jp/document/pdf/29-2.pdf）
- 雷監視システム　気象庁（https://www.jma.go.jp/）
- 気象影響防御技術の研究開発　JAXA（https://www.aero.jaxa.jp/）

■第12章　ジェット機の性能を高める複合材料

- 航空機におけるアルミニウム合金の利用の概況と今後　中部航空宇宙産業技術センター（中沢隆吉, 伊原木幹成, 2014）
- 787 Dreamliner By Design　Boeing（https://www.boeing.com/）
- エアバス社の最新中型機 A350 XWB について（航空機国際共同開発促進基金）（http://www.iadf.or.jp/document/pdf/26-3.pdf）
- 炭素繊維複合材料　日本航空技術協会（西原正浩, 航空技術, No.642, 2008）
- 炭素繊維複合材料とリサイクル　経済産業省（山藤家嗣, 三菱レイヨン, 2015）（https://www.meti.go.jp/）
- 航空宇宙材料の変遷と加工法検査法　日本航空技術協会（深川 仁, 航空技術, No.638, 2008）
- 日本のお家芸、航空機用"複合材"の開発　JAXA（https://www.nippon.com/）
- GE、日本の技術が生きた超先端セラミック複合材料（CMC）量産へ（GE Japan, 2015）（http://gereports.jp/）
- 航空エンジンに革新　GEも認めた日本の素材力　日本経済新聞（https://www.nikkei.com/）
- 第5回CMCシンポジウム関連記事　日本航空技術協会（航空技術, No.815, 2023）

■第13章　ジェット機を彩る機体塗装

- アルミニウムの化学的性質（耐食性）（KOBELCO）（https://www.kobelco.co.jp/）
- 航空機の新機体外装塗装システム　jstage（徳永俊二, 日本航空, 1998）（https://www.jstage.jst.go.jp/）
- 「薄化粧で若返る銀翼 航空機の塗り替え作業（未来への百景）」（日本経済新聞, 2014）（https://www.nikkei.com/）
- Painting Versus Polishing　Boeing（AERO 05 QTR_01, 1999）
- 航空機プリンター　リコーデジタルペインティング（http://www.ricoh-digitalpainting.com/products/airplane/）

■第14章　運航前の準備作業「飛行計画」の秘密

- ICAO CORSIA CO_2 Estimation and Reporting Tool (CERT)（https://www.icao.int/）
- AC 120-27F － Aircraft W and B Control　FAA（https://www.faa.gov/）
- 運航規程審査要領細則　国土交通省（https://www.mlit.go.jp/）
- 飛行計画記入・通報要領　国土交通省（https://www.mlit.go.jp/）
- Navigation Flight Plan　SKYbrary（https://skybrary.aero）
- ASN Aviation Safety Database　FSF（https://aviation-safety.net/database/）
- AIS Japan（Area Chart Kanto）（https://aisjapan.mlit.go.jp/）
- 第5管制業務処理規程　国土交通省（国空制第629号）（https://www.japa.or.jp/）
- 航空通信の概要　総務省関東総合通信局（https://www.soumu.go.jp/）
- 航空機の運航における乗客等の標準重量の設定について　国土交通省（国空航第40号）（https://www.mlit.go.jp/）
- Determination of Dispatch Takeoff Weight　Boeing（Dave Anderson, 2005）（https://www.smartcockpit.com）
- getting to grips with aircraft performance　Airbus（https://www.smartcockpit.com/）
- ICAO Doc10064-Aeroplane Performance Manual（https://www.sapoe.org/）
- FAR Advisory Circular 25-31, 32　FAA（https://www.faa.gov/）
- 滑走路状態の提供について　国土交通省（2021, ATSシンポジウム）（http://atcaj.or.jp/wordpress/wp-content/uploads/2021/11/2021_ATS_Symposium_2_new.pdf）
- Understanding Weight & Balance　Airbus（Safetyfirst, Jan 2015）（https://safetyfirst.airbus.com/）
- 重心と空力中心、風圧中心と算出方法（数学・物理 入門 微分方程式と力学系）（https://tokyox.sakura.ne.jp/word/?p=128）
- AC 120-27F-Aircraft Weight and Balance Control　FAA,（https://www.faa.gov/）

■第15章　鳥や獣との衝突の話

- Wildlife Strikes to Civil Aircraft in US,1990-2019 & 1990-2020　FAA, USDA（https://nbaa.org/）
- Aircraft Certification for Bird Strike Risk　SKYbrary（https://skybrary.aero）
- Wildlife Hazard Management at Airports：A Manual for Airport Personnel　University of Nebraska – Lincoln（https://digitalcommons.unl.edu/）
- Height Distribution of Birds Recorded by Collisions with Civil Aircraft　University of Nebraska – Lincoln（https://digitalcommons.unl.edu/）
- 2016年 バードストライク データ　国土交通省（https://www.mlit.go.jp/）
- 特定外来生物カナダガンの国内根絶について　環境省, 2015（https://www.env.go.jp/）
- Wildlife Strike Gallery　FAA（https://www.faa.gov/）

■カバー・帯写真
zapper/PIXTA、日本貨物航空

■中面写真
p.197、199（上）：zapper/PIXTA
p.199（下）：ゆうき/PIXTA
p.203、204：zapper/PIXTA

■著者
原野康義（はらの・やすよし）

航空解説者。1971年、九州大学工学部航空工学科卒業。全日本空輸株式会社（ANA）入社。整備および運航技術部門で現業に従事。運航技術部技術管理チームリーダー、乗員室路線訓練部副部長、総合安全推進部担当部長を務める。2003年、日本貨物航空株式会社 運航部運航基準室長 兼 安全推進委員会事務局長。2008年、日本貨物航空執行役員 安全・環境本部副本部長。現在は、公益財団法人航空輸送技術研究センター監事、公益社団法人日本航空技術協会会員。本書が初の著書。

■イラスト
中村寛治（なかむら・かんじ）

航空解説者。神奈川県横浜市出身。早稲田大学卒。全日本空輸株式会社にて30数年間、ボーイング727、747の航空機関士として国内の主要都市、世界10カ国以上、20都市以上の路線に乗務。総飛行時間は14,807時間33分。現在はエアラインでのフライト経験を生かし、実際に飛行機に乗務していた者から見た飛行機のしくみ、性能、運航などに関する解説や文筆活動を行っている。おもな著書は『ビジュアルガイド ジェット旅客機のしくみ』『ジェット旅客機操縦完全マニュアル』『カラー図解でわかるジェットエンジンの科学』『カラー図解でわかるジェット旅客機の操縦』『カラー図解でわかるジェット旅客機の秘密』『カラー図解でわかる航空力学「超」入門』（SBクリエイティブ）など。

■校正：曽根信寿

ジェット旅客機の秘密に迫る
「安全」「高速」「快適」を支える機体と運航のメカニズム

2024年3月28日　初版第1刷発行

著者	原野康義
イラスト	中村寛治
発行者	小川 淳
発行所	SBクリエイティブ株式会社 〒105-0001　東京都港区虎ノ門2-2-1
装丁	マツヤマ チヒロ（AKICHI）
本文デザイン	笹沢記良（クニメディア）
編集	石井顕一（SBクリエイティブ）
印刷・製本	株式会社シナノ パブリッシング プレス

本書をお読みになったご意見・ご感想を
下記URL、QRコードよりお寄せください。
https://isbn2.sbcr.jp/24767/